国家骨干校建设项目成果
高等职业教育应用型人才培养教材

# 表面组装技术及工艺管理

王海峰　　王红梅　　主　编

胡祥敏　　王志辉　　黄亮国　　符气叶　　副主编

电子工业出版社

**Publishing House of Electronics Industry**

北京·BEIJING

# 内 容 简 介

本书是国家精品课程、国家精品资源共享课程《表面组装技术及工艺管理》的配套教材。全书以 SMT 生产工艺为主线，以典型产品在教学环境中的实施为依托，循序渐进地介绍 SMT 基本工艺流程、表面组装元器件和工艺材料、SMT 自动化设备、5S 管理等相关知识。在内容的选取和结构设计上，既满足理论够用，又注重实操技能的培养。

全书分为基础理论篇和技能实践篇，共 8 章，基础理论篇包括 SMT 概述和生产工艺认知、表面组装元器件、锡膏和锡膏印刷技术、贴片、焊接、SMT 检测设备与产品可靠性检测；技能实践篇包括电子产品的手工制作和 SMT 自动化生产。

本书内容实用，可作为高等职业院校或中等职业学校 SMT 专业或应用电子技术专业的教材，也可作为 SMT 专业技术人员与电子产品制造工程技术人员的参考用书。

未经许可，不得以任何方式复制或抄袭本书之部分或全部内容。

版权所有，侵权必究。

**图书在版编目（CIP）数据**

表面组装技术及工艺管理 / 王海峰，王红梅主编. —北京：电子工业出版社，2015.2
全国高等职业教育应用型人才培养规划教材

ISBN 978-7-121-24818-4

Ⅰ. ①表… Ⅱ. ①王… ②王… Ⅲ. ①SMT 技术—高等职业教育—教材 Ⅳ. ①TN305

中国版本图书馆 CIP 数据核字（2014）第 273825 号

策划编辑：王昭松
责任编辑：郝黎明
印　　刷：北京虎彩文化传播有限公司
装　　订：北京虎彩文化传播有限公司
出版发行：电子工业出版社
　　　　　北京市海淀区万寿路 173 信箱　邮编　100036
开　　本：787×1 092　1/16　印张：14.5　字数：371.2 千字
版　　次：2015 年 2 月第 1 版
印　　次：2024 年 8 月第 12 次印刷
定　　价：35.00 元

凡所购买电子工业出版社图书有缺损问题，请向购买书店调换。若书店售缺，请与本社发行部联系，联系及邮购电话：（010）88254888，88258888。

质量投诉请发邮件至 zlts@phei.com.cn，盗版侵权举报请发邮件至 dbqq@phei.com.cn。

本书咨询联系方式：（010）88254015　wangzs@phei.com.cn　QQ：83169290。

# 前　　言

表面组装技术的普及彻底变革了传统电子电路组装的概念，在现代信息产业中发挥着独特的作用，成为现代电子产品制造中必不可少的技术之一。随着半导体元器件技术、材料技术等相关技术的飞速进步，其技术将不断完善和深化，应用面也将不断扩大。与这种发展现状和趋势相对应，近年来，我国电子制造业对掌握 SMT 知识的专业技术人才的需求量也日益增大。

表面组装技术是一门综合性很强的技术，涉及表面组装元器件、PCB、组装材料、组装工艺、组装设备、组装质量与检测、组装系统控制与管理等多个方面，要想掌握这门技术，必须经过系统的基础知识和专业知识的学习与培训，尤其是专业生产环境的训练才能逐步掌握。

广东科学技术职业学院依托珠三角地区的地缘优势，与诸多电子制造企业建立校企合作，将最先进的生产设备、最新的工艺技术和大量经验丰富的企业技术人才引进课堂，所培养的技术应用型人才深受企业的欢迎。

本次编写的教材是"表面组装技术及工艺管理"课程的配套教材，该课程 2008 年被评为国家级精品课程，2013 年又成功转型为国家精品资源共享课程。在课程建设过程中，学院为课程配置了占地 1500m² 的专业厂房和工业级 SMT 自动化生产设备，在教学中积累了丰富的典型教学产品。本次教材编写结合学院国家骨干校重点建设专业应用电子技术专业建设要求，充分整合教学资源和校企合作资源，集合一批教学经验和实践经验丰富的编写团队，联合编写《表面组装技术及工艺管理》一书。

本书以 SMT 生产工艺为主线，以典型产品在教学环境中的实施为依托，循序渐进地介绍了 SMT 基本工艺流程、表面组装元器件和工艺材料、SMT 自动化设备、5S 管理等相关知识。在内容的选取和结构设计上，既满足理论够用，又注重实操技能的培养。本教材的特点如下：

（1）按照 SMT 岗位职业技能培养的要求编写，使得学生的知识、技能、职业素养更贴近企业岗位需求。

（2）遵循循序渐进的学习规律，选取典型产品的制作过程，逐步介绍知识点和技能点，使学生在典型产品制作中加深对知识点和技能点的理解和体会。

（3）配套资源丰富，除配套国家精品课程网站 http://www.icourses.cn/home/（爱课程网）、http://jpk.gdit.edu.cn/1/和 http://www.jingpinke.com/（国家精品课程资源网）外，还提供了 SMT 工艺教学软件和丰富的典型产品案例，为全面提升教学质量提供保障。

本书分为基础理论篇和技能实践篇，共 8 章，基础理论篇包括 SMT 概述和生产工艺认知、表面组装元器件、锡膏和锡膏印刷技术、贴片、焊接、SMT 检测设备与产品可靠性检测；技能实践篇包括电子产品的手工制作和 SMT 自动化生产。

本书内容实用，可作为高等职业院校或中等职业学校 SMT 专业或应用电子技术专业的教材，也可作为 SMT 专业技术人员与电子产品制造工程技术人员的参考用书。

本书由广东科学技术职业学院王海峰、王红梅任主编，胡祥敏、王志辉、黄亮国、符气叶任副主编。其中，王海峰编写了第 1 章、第 2 章和第 8 章，王红梅编写了第 3 章和第 4 章，胡祥敏编写了第 7 章，符气叶编写了第 5 章和第 6 章，王志辉和黄亮国编写了典型产品的工艺文件，全书由王海峰负责统稿。

在本书编写的过程中，得到了珠海鑫润达电子有限公司和珠海因尔科技有限公司的大力支持，珠海鑫润达电子有限公司的连小兰、聂酉定参与了部分章节的编写工作，珠海因尔科技有限公司的李永祥编写了部分教学任务，在此一并表示感谢。

由于编者水平、经验有限，书中难免存在错误和不妥之处，敬请读者在阅读与使用过程中提出宝贵意见，以便及时改正。

编　者
2015 年 1 月

# 目　　录

# 基础理论篇

## 第1章

# SMT 概述和生产工艺认知

## 1.1　电子组装技术基础

### 1.1.1　基本概念

#### 1. 电子组装技术

电子组装技术（Electronic Assembly Technology）又称为电子装联技术。电子组装技术是根据成熟的电路原理图，将各种电子元器件、机电元器件以及基板合理地设计、互联、安装、调试，使其成为适用的、可生产的电子产品（包括集成电路、模块、整机、系统）的技术过程。

#### 2. 通孔插入安装技术（THT）

THT 是通孔插入安装技术（Through Hole Technology）的简称，它是一种将元器件引出脚插入到印制电路板相应的安装孔内，然后与印制电路板板面的电路焊盘焊接固定的装联技术，其示意图如图 1-1 所示。

#### 3. 表面组装技术（SMT）

SMT 是表面组装技术（Surface Mount Technology）的缩写，它是一种将表面组装元器件贴装到指定的涂覆了焊膏或黏结剂

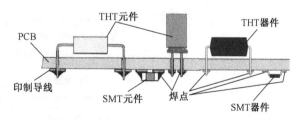

图 1-1　THT 示意图

的 PCB 焊盘上，然后经过再流焊或波峰焊使表面组装元器件与 PCB 焊盘之间建立可靠的机械和电气连接的组装技术，其示意图如图 1-2 所示。

如图 1-3 所示，表面组装技术（SMT）通常包括表面组装元器件、表面组装电路板及图形设计、表面组装工艺材料（焊锡膏及贴片胶）、表面组装设备、表面组装焊接技术（包括波峰

焊、再流焊、气相焊、激光焊)、表面组装测试技术、清洗技术以及表面组装大生产管理等多方面内容。这些内容可以归纳为三个方面：一是设备，人们称它为 SMT 的硬件；二是装联工艺，人们称它为 SMT 的软件；三是电子元器件，它既是 SMT 的基础，又是 SMT 发展的动力，它推动着 SMT 专用设备和装联工艺不断更新和深化。

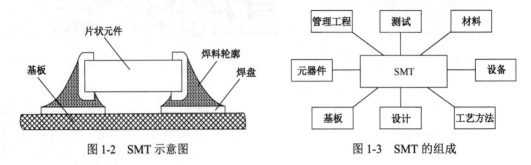

图 1-2　SMT 示意图　　　　　　图 1-3　SMT 的组成

### 1.1.2　电子组装技术的组成

电子组装技术是一门集电路、工艺、结构、组件、器件、材料多学科交叉的工程学科，涉及集成电路固态技术、厚薄膜混合微电子技术、印制电路技术、通孔插装技术、表面组装技术、微组装技术、电子电路技术等领域。其组成如图 1-4 所示。

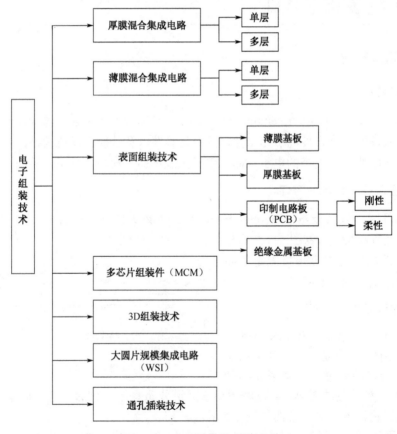

图 1-4　电子组装技术的组成

### 1.1.3 电子组装技术的演化

**1. 电子组装技术的地位演化**

电子组装技术属于多学科交叉的电子工程制造技术，是一种"并行工程"，也就是"电子组装技术的工作必须从产品的方案论证起参与进去，参与总体设计及电子产品的研制、开发、生产全过程的设计、决策"。人们逐步认识到："没有一流的电子组装技术，没有一流的电气互联设备，就不可能有一流的设计、一流的电子产品，就不可能有一流的电子装备"。

因此，在现代电子产品的设计、开发、生产中，电子组装技术的作用发生了根本性的变化，它是总体方案设计人员、企业的决策者实现产品功能指标的前提和依赖。

**2. 电子组装技术的发展历程**

电子组装技术是伴随着电子器件封装技术的发展而不断前进的，有什么样的器件封装，就产生了什么样的组装技术，即电子元器件的封装形式决定了生产的组装工艺。

电子组装技术随着电子元器件封装技术的发展经历了六代变化，如表 1-1 所示。

**表 1-1　电子组装技术的发展变化**

| | 电子封装技术 | 电子装联技术 |
|---|---|---|
| 第一代 | 电子管时代（20 世纪 50 年代） | 分立组件，分立走线，金属底板，电子管，接线柱，线扎，手工 THT 技术 |
| 第二代 | 晶体管时代（20 世纪 60 年代） | 分立组件，单层/双层印制电路板，手工 THT 技术 |
| 第三代 | 集成电路时代（20 世纪 70 年代） | IC，双面印制板，初级多层印制板，初级厚/薄膜混合集成电路，波峰焊 |
| 第四代 | 大规模/超大规模集成电路时代（20 世纪 80 年代） | LSI/VLSI/ALSI，细线多层印制板，多层厚/薄膜混合集成电路，HDI（高密度组装技术），SMT（表面组装技术），再流焊 |
| 第五代 | 超大规模集成电路（20 世纪 90 年代） | BGA，CSP，SMT（表面组装技术），MCM（多芯片组件），3D（立体组装技术），MPT（微组装技术），DCA（直接芯片组装技术），TAB（载带焊技术），无铅焊接技术，激光再流焊技术，金丝焊技术，凸点制造技术，Flip-Chip（倒装焊技术） |
| 第六代 | SOI 技术（2005 年以后） | SOI 器件广泛用于高速、低功耗和高可靠性电路，其应用领域已从宇航、军事、工业转向数字处理、通信、光电子 MEMS 和消费类电子等 |

从 20 世纪 50 年代以电子管为代表的第一代组装技术到 20 世纪 80 年代以 SMD/SMC 为代表的第四代组装技术（SMT）的初期，人们曾经依靠一把烙铁、一把镊子进行电子产品组装。然后当产品的小型化、微型化需求日益提高，过去那种"一把烙铁、一把镊子打天下"就行不通了，必须依赖先进的电气互联技术和先进的电气互联设备。

随着片式元器件（SMC/SMD）、基板材料、装焊工艺、检测技术的迅速发展，21 世纪初期，我国电子装备中 SMC/SMD 的使用率从当初的 5%迅速增加到了 70%～80%。在一些小型化电子装备中已大量使用 BGA，以 SMT 为主流的混合组装技术（MMT）是 21 世纪我国电子装备电路的主要形式，不仅 DIP 和 SMC/SMD 混合组装（THT/SMT），而且一些先进的电子装备中还应用把 CSP 装于 MCM 上，再进行 3D 组装的 3D+MCM 先进组装技术。

自从 20 世纪 90 年代以来，电子工业进入空前的高速发展阶段。人们希望电子设备体积小、重量轻、性能好、寿命长以满足各方面的要求。因此促进了电子电路的高度集成技术和高密度组装技术的发展，前者称为微电子封装技术，后者称为微电子表面组装技术。

SMT 是现代电子产品先进制造技术的重要组成部分。其技术内容包含电子元器件的设计制造技术 、电路板的设计制造技术 、自动贴装工艺设计及装备、组装用辅助材料的开发生产及相关技术设备等。它的技术范畴涉及材料科学、精密机械制造、微电子技术、测试与控制、计算机技术等诸多学科，是综合了光、机、电一体化的系统工程。SMT 经过 40 年的发展，现已进入了成熟期，成为电子组装的主导技术。

### 3. THT 和 SMT 的区别

从组装工艺技术的角度分析，SMT 和 THT 的根本区别是"贴"和"插"。此外，二者的差别还体现在基板、元器件、组件形态、焊点形态和组装工艺方法等方面。如图 1-5 所示，由于 SMT 生产中采用"无引线或短引线"的元器件，故从组装工艺角度分析，表面组装和通孔插装（THT）技术的根本区别一是所用元器件、PCB 的外形不完全相同；二是前者是"贴装"，即将元器件贴装在 PCB 焊盘表面，而后者是"插装"，即将长引脚元器件插入 PCB 焊盘孔内。

（a）THT 组装电路　　　　　　　　　　　　（b）SMT 组装电路

图 1-5　SMT 与 THT 比较

THT 与 SMT 的区别如表 1-2 所示。

表 1-2　THT 与 SMT 的区别

| 类　　型 | THT | SMT |
| --- | --- | --- |
| 元 器 件 | 双列直插或 DIP 针阵列 PGA 有引线电阻、电容 | SOIC、SOT、LCCCP、LCC、QFP、BGA、CSR，片式电阻、电容 |
| 基　　板 | 印制电路板采用 2.54mm 网格设计，通孔孔径为 $\phi 0.8\sim$ 0.9mm | 印制电路板采用 1.27mm 网格或更细设计，通孔孔径为 $\phi 0.3\sim 0.5$mm |
| 焊 接 方 法 | 波峰焊 | 再流焊 |
| 面　　积 | 大 | 小，缩小比为 $1:3\sim 1:10$ |
| 组 装 方 法 | 穿孔插入 | 表面安装（贴装） |
| 自动化程度 | 自动插装机 | 自动贴片机，生产效率高于自动插装机 |

# 1.2　SMT 基本工艺流程

## 1.2.1　相关概念

### 1. SMT 工艺的概念

工艺是生产者利用生产设备和生产工具，对各种原材料、半成品进行技术处理，使之成为最终产品的方法与过程，它是人类在生产劳动中不断积累起来并经过总结的操作经验和技术能力。对于现代化的工业产品来说，工艺不再仅仅是针对原材料的加工或生产的操作而言，应该是从设计到销售，包括每一个制造环节的整个生产过程。

一般来说，工艺要求采用合理的手段、较低的成本完成产品制作，同时必须达到设计规定的性能和质量，其中，成本包括施工时间、施工人员数量、工装设备投入、质量损失等多个方面。SMT 工艺技术的主要内容如图 1-6 所示，可分为组装材料、组装工艺设计、组装技术和组装设备应用四大部分。

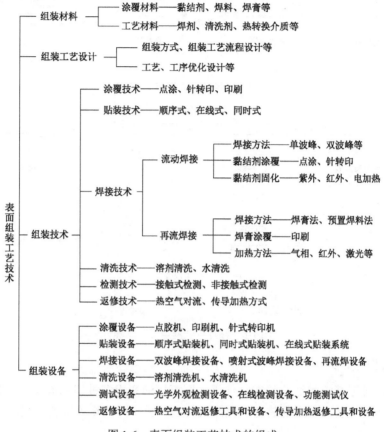

图 1-6　表面组装工艺技术的组成

### 2．工艺文件及工艺管理

工艺文件：指导工人操作和用于生产、工艺管理等的各种技术文件。

工艺管理：科学地计划、组织和控制各项工艺工作的全过程。工艺管理的基本任务是在一定生产条件下，应用现代管理科学理论，对各项工艺工作进行计划、组织和控制，使之按一定的原则、程序和方法协调有效地进行。

## 1.2.2　SMT 组装工艺的基本流程

### 1．SMT 的两类基本工艺流程

（1）焊锡膏—再流焊工艺。焊锡膏—再流焊的工艺流程是：焊锡膏印刷→贴片→再流焊→检验、清洗，如图 1-7 所示。该工艺流程的特点是简单、快捷，有利于产品体积的减小，该工艺流程在无铅焊接工艺中更显示出优越性。

（2）贴片—波峰焊工艺。贴片—波峰焊的工艺流程是：涂覆贴片胶→贴片→固化→翻转电路板、插装通孔元器件→波峰焊→检验、清洗，如图1-8所示。该工艺流程的特点是：利用双面板空间，电子产品的体积可以进一步做小，并部分使用通孔元件，价格低廉。但设备要求增多，波峰焊过程中易出现焊接缺陷，难以实现高密度组装。

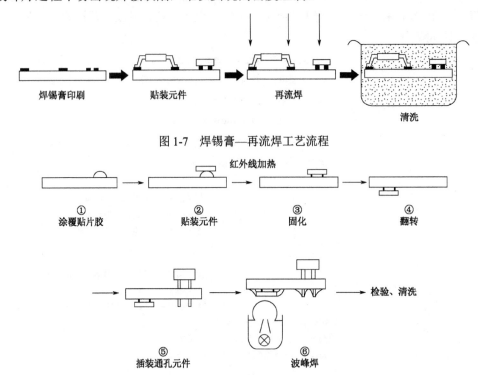

图1-7 焊锡膏—再流焊工艺流程

① 涂覆贴片胶    ② 贴装元件    ③ 固化    ④ 翻转

⑤ 插装通孔元件    ⑥ 波峰焊    检验、清洗

图1-8 贴片—波峰焊工艺流程

## 2．工艺流程的分类

若将上述两种工艺流程混合与重复使用，则可以演变成多种工艺流程。SMT的组装方式大体上可分为单面混装、双面混装和全表面组装3种类型，共6种组装方式，如表1-3所示。

表1-3 SMT的组装方式分类

| 组装方式 | | 示意图 | 电路基板 | 焊接方式 | 特征 |
|---|---|---|---|---|---|
| 全表面组装 | 单面表面组装 | 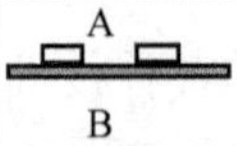 | 单面PCB 陶瓷基板 | 单面再流焊 | 工艺简单，适用于小型、薄型简单电路 |
| | 双面表面组装 | 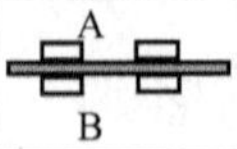 | 双面PCB 陶瓷基板 | 双面再流焊 | 高密度组装、薄型化 |
| 单面混装 | SMD和THC都在A面 | 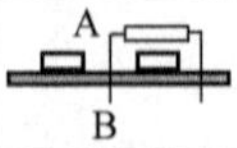 | 双面PCB | 先A面再流焊，后B面波峰焊 | 一般采用先贴后插，工艺简单 |
| | THC在A面，SMD在B面 | 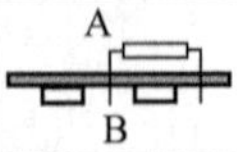 | 单面PCB | B面波峰焊 | PCB成本低，工艺简单，先贴后插。如采用先插后贴，工艺复杂 |
| 双面混装 | THC在A面，A、B两面都有SMD | 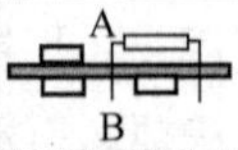 | 双面PCB | 先A面再流焊，后B面波峰焊 | 适合高密度组装 |
| | A、B两面都有SMD和THC | 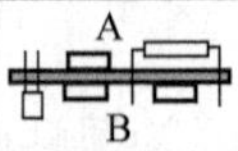 | 双面PCB | 先A面再流焊，后B面波峰焊，B面插装件后附 | 工艺复杂，很少采用 |

（1）全表面组装，即在 PCB 上只有 SMC/SMD 而无通孔插装元件 THC，如图 1-9 所示。由于目前元器件还未完全实现 SMT 化，实际应用中这种组装形式不多。这类组装方式一般是在细线图形的 PCB 或陶瓷基板上，采用细间距器件和再流焊工艺进行组装。它有两种组装方式。

① 单面表面组装方式，如图 1-9（a）所示。

② 双面表面组装方式，如图 1-9（b）所示。

（2）单面混合组装，即 SMC/SMD 与通孔插装元件 THC 分布在 PCB 不同的两个面上混装，但其焊接面仅为单面，如图 1-10 所示。这类组装方式采用单面 PCB 和波峰焊接工艺，具体有两种组装方式。

① 先贴法，即在 PCB 的 B 面（焊接面）先贴装 SMC/SMD，而后在 A 面插装 THC。

② 后贴法，即先在 PCB 的 A 面插装 THC，而后在 B 面贴装 SMC/SMD。

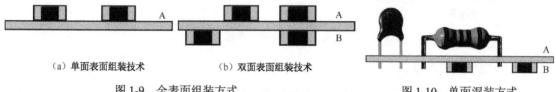

（a）单面表面组装技术　　　　（b）双面表面组装技术

图 1-9　全表面组装方式　　　　　　　　　图 1-10　单面混装方式

（3）双面混合组装，即 SMC/SMD 和 THC 可混合分布在 PCB 的同一面，同时 SMC/SMD 也可分布在 PCB 的双面，如图 1-11 所示。双面混合组装采用双面 PCB、双波峰焊接或再流焊接。在这类组装方式中也有先贴和后贴 SMC/SMD 的区别，一般根据 SMC/SMD 的类型和 PCB 的大小合理选择，通常较多地采用先贴法。该类组装有两种组装方式。

① SMC/SMO 和 THC 同侧方式。SMC/SMD 和 THC 在 PCB 的同一侧。

② SMC/SMD 和 THC 不同侧方式。将表面组装集成芯片（SMIC）和 THC 放在 PCB 的 A 面，将 SMC 和小外形晶体管（SOT）放在 B 面。

这类组装方式由于在 PCB 的单面或双面贴装 SMC/SMD，而又把难以表面组装化的有引线元件插入组装，因此组装密度相当高。

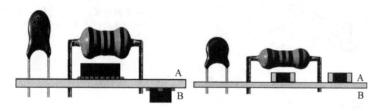

图 1-11　双面混装方式

# 1.3　SMT 生产体系的组成

### 1.3.1　SMT 生产线的组成

SMT 生产线设备主要有表面涂敷设备、贴片机、回流焊接机、波峰焊接机（选配）、检测设备（AOI、ICT、X-Ray 等）和清洗机等，表面组装设备形成的生产系统习惯上称为 SMT 生产线。SMT 生产线分为单线形式生产线和双线形式生产线。

## 1. 单线形式生产线

一般用于只在 PCB 单面组装 SMC/SMD 的表面组装场合，称为单线形式生产线，如图 1-12 所示。

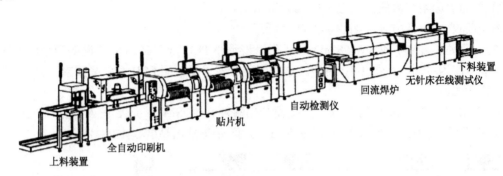

图 1-12 单线生产线

## 2. 双线形式生产线

一般用于在 PCB 双面组装 SMC/SMD 的表面组装场合，称为双线形式生产线，如图 1-13 所示。

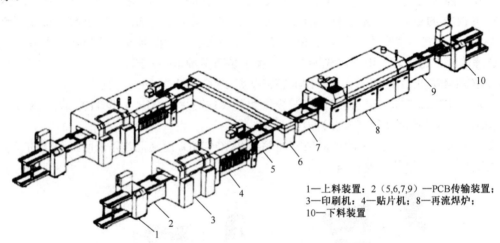

1—上料装置；2（5,6,7,9）—PCB传输装置；
3—印刷机；4—贴片机；8—再流焊炉；
10—下料装置

图 1-13 双线生产线

### 1.3.2 5S 知识

5S 起源于日本，是指在生产现场对人员、机器、材料、方法等生产要素进行有效的管理，这是日本企业独特的一种管理办法。

5S 包含整理（Seiri）、整顿（Seiton）、清扫（Seiso）、清洁（Seiketsu）、素养（Shitsuke）5 个项目，因日语的罗马拼音均为"S"开头，所以简称 5S。开展以整理、整顿、清扫、清洁和素养为内容的活动，称为"5S"活动。

## 1. 整理

定义：区分要与不要的物品，现场只保留必需的物品。示例如图 1-14 所示。

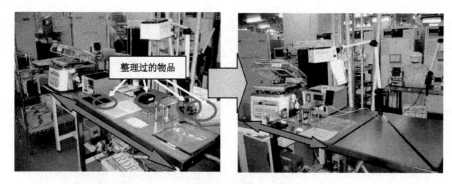

图1-14 没整理的工作台与整理过工作台

目的：

（1）改善和增加作业面积；

（2）现场无杂物，行道通畅，提高工作效率；

（3）减少磕碰的机会，保障安全，提高质量；

（4）消除管理上的混放、混料等差错事故；

（5）有利于减少库存量，节约资金；

（6）改变作风，提高工作情绪。

意义：把要与不要的人、事、物分开，再将不需要的人、事、物加以处理，对生产现场的现实摆放和停滞的各种物品进行分类，区分什么是现场需要的，什么是现场不需要的；其次，对于车间里各个工位或设备的前后、通道左右、厂房上下、工具箱内外，以及车间的各个死角，都要彻底搜寻和清理，达到现场无不用之物。

### 2．整顿

定义：必需品依规定位置和方法摆放整齐有序，并明确标示。示例如图1-15所示。

一目了然，不用花时间去找

图1-15 整顿好的工具箱

目的：不浪费时间寻找物品，提高工作效率和产品质量，保障生产安全。

意义：把需要的人、事、物加以定量、定位。通过前一步整理后，对生产现场需要留下的物品进行科学合理的布置和摆放，以便用最快的速度取得所需之物，在最有效的规章、制度和最简洁的流程下完成作业。

要点：

（1）物品摆放要有固定的地点和区域，以便于寻找，消除因混放而造成的差错；

（2）物品摆放地点要科学合理。例如，根据物品使用的频率，经常使用的东西应放得近些（如放在作业区内），偶尔使用或不常使用的东西则应放得远些（如集中放在车间某处）；

（3）物品摆放目视化，使定量装载的物品做到过目知数，摆放不同物品的区域采用不同的色彩和标记加以区别。

### 3．清扫

定义：清除现场内的脏污、清除作业区域的物料垃圾。示例如图1-16所示。

图1-16　清扫

目的：清除"脏污"，保持现场干净、明亮。

意义：将工作场所的污垢去除，使异常的发生源很容易发现，是实施自主保养的第一步，主要是在提高设备稼动率。

要点：

（1）自己使用的物品，如设备、工具等，要自己清扫，而不要依赖他人，不增加专门的清扫工；

（2）对设备的清扫，着眼于对设备的维护保养。清扫设备要同设备的点检结合起来，清扫即点检；清扫设备要同时做设备的润滑工作，清扫也是保养；

（3）清扫也是为了改善。当清扫地面发现有飞屑和油水泄漏时，要查明原因，并采取措施加以改进。

### 4．清洁

定义：将整理、整顿、清扫实施的做法制度化、规范化，维持其成果。示例如图1-17所示。

图1-17　整洁的车间

目的：认真维护并坚持整理、整顿、清扫的效果，使其保持最佳状态。

意义：通过对整理、整顿、清扫活动的坚持与深入，从而消除发生安全事故的根源。创造一个良好的工作环境，使职工能愉快地工作。

要点：

（1）车间环境不仅要整齐，而且要做到清洁卫生，保证工人身体健康，提高工人劳动热情；

（2）不仅物品要清洁，而且工人本身也要做到清洁，如工作服要清洁，仪表要整洁，及时理发、刮须、修指甲、洗澡等；

（3）工人不仅要做到形体上的清洁，而且要做到精神上的"清洁"，待人要讲礼貌、要尊重别人；

（4）要使环境不受污染，进一步消除浑浊的空气、粉尘、噪声和污染源，消灭职业病。

**5. 素养**

定义：人人按章操作、依规行事，养成良好的习惯，使每个人都成为有教养的人。示例如图 1-18 所示。

图 1-18　养成良好的习惯，提高自身素质

目的：提升"人的品质"，培养对任何工作都讲究认真的人。

意义：努力提高人员的自身修养，使人员养成严格遵守规章制度的习惯和作风，是"5S"活动的核心。

### 1.3.3　质量管理体系

**1. ISO 的概念**

ISO 一词来源于希腊语"ISOS"，即"EQUAL"——平等之意，是国际标准化组织（International Organization for Standardization）的简称。ISO 是一个全球性的非政府组织，是世界上最大的、最具权威的国际标准制定、修订组织。它成立于 1947 年 2 月 23 日，其最高权力机构是每年一次的"全体大会"，日常办事机构是中央秘书处，设在瑞士的日内瓦。

ISO 的宗旨是"发展国际标准，促进标准在全球的一致性，促进国际贸易与科学技术的合作。"

## 2．质量管理体系的概念

质量管理体系统称为ISO9000，它由TC176（指质量管理体系技术委员会）制定，是ISO发布的12000多个标准中最畅销、最普遍的产品。

## 3．质量管理体系的发展简介

质量管理体系ISO9000认证是由国家或政府认可的组织以ISO9000系列质量体系标准为依据进行的第三方认证活动，以绝对的权力和威信保证公开、公正、公平及相互间的充分信任。其系列标准发展历程如下：

（1）1980年，"质量"一词被定义为企业动作及绩效中所展现的组织能力。导致一些行业标准与国家标准的产生，而由于跨国贸易的逐渐形成，跨行业、跨国度的新标准也呼之欲出。

（2）1987年，国际标准化组织（ISO）成立TC176技术委员会，联系53个国家，致力于ISO9000系列标准的发展，颁布ISO9000系列质量保证体系标准。

（3）1992年，中国采用ISO9000系列标准，形成GB/T19000系列标准。欧共体提出欧共体内部各国企业按照ISO9000系列标准完善质量体系，美国把此作为"进入全球质量运动会的规则"。

（4）1994年国际标准化组织ISO修改发布ISO9000—1994系列标准。世界各大企业如德国西门子公司、日本松下公司、美国杜邦公司等纷纷通过了认证，并要求他们的分供方通过ISO9000认证。

（5）1996年，中国政府部门逐步将通过ISO9000认证作为政府采购的条件之一，从而推动了中国ISO9000认证事业迅速发展。

（6）2008年国际标准化组织ISO修改发布ISO9000—2008系列标准，更适应新时期各行业质量管理的需求。

## 4．ISO9000推行的好处

推行ISO9000，既可以强化内部管理，提高人员素质和企业文化，又可以提升企业形象和市场份额。具体内容如下：

（1）强化品质管理，提高企业效益；增强客户信心，扩大市场份额。ISO9000有助于帮助客户确信该企业是否能够稳定地提供合格产品或服务，从而放心地与企业订立供销合同，进而扩大了企业的市场占有率。

（2）获得国际贸易绿卡，消除了国际贸易壁垒。许多国家为了保护自身的利益，设置了种种贸易壁垒，包括关税壁垒和非关税壁垒。其中非关税壁垒主要是技术壁垒，技术壁垒中又主要是产品品质认证和ISO9000品质体系认证的壁垒。特别是，在"世界贸易组织"内，各成员国之间相互排除了关税壁垒，只能设置技术壁垒，所以获得认证是消除贸易壁垒的主要途径。

（3）节省第二方审核的精力和费用。若第一方申请了第三方的ISO9000认证并获得了认证证书，则众多第二方就不必要再对第一方进行审核，这样，不管是对第一方还是对第二方都可以节省很多精力或费用。还有，如果企业在获得了ISO9000认证之后，再申请UL、CE等产品品质认证，还可以免除认证机构对企业的质量管理体系进行重复认证的开支。

（4）在产品品质竞争中永远立于不败之地。20世纪70年代以来，品质竞争已成为国际贸易竞争的主要手段，实行ISO9000国际标准化的品质管理，可以稳定地提高产品品质，使企业在产品品质竞争中永远立于不败之地。

（5）有利于国际间的经济合作和技术交流。按照国际间经济合作和技术交流的惯例，合作双方必须在产品（包括服务）品质方面有共同的语言、统一的认识和共守的规范，方能进行合作与交流。ISO9000 质量管理体系认证正好提供了这样的信任，有利于双方迅速达成协议。

（6）强化企业内部管理，稳定经营运作，减少因员工辞工造成的技术或质量波动。

（7）提高企业形象。

# 1.4　表面组装技术现状与发展趋势

（1）SMT 发展总趋势是电子产品功能越来越强、体积越来越小、价格越来越低、更新换代的速度越来越快。电子产品的小型化促使半导体集成电路的集成度越来越高，SMD 和 IC 的引脚间距也越来越窄，引脚间距从 0.3mm 的细间距甚至缩小到 0.1mm，　窄引脚间距已经成为现实。

（2）无铅焊料取代 Sn-Pb 焊料成为必然趋势，欧盟、美国、日本等工业发达国家，已经全面禁止铅的使用，包括禁止进口含铅的电子产品。电子组装朝着无铅转化方向发展，无铅组装是 SMT 发展的必然趋势。

（3）在组装技术方面：BGA、CSP 的应用已经比较广泛、工艺也已经成熟了，0201（0.6mm×0.3mm）在多功能手机、CCD 摄像机、笔记本电脑等产品中已广泛应用。倒装芯片（Flip Chip）在美国 IBM、日本 SONY 公司等都已经得到广泛应用，多芯片 MCM 功能组件是进一步小型化的方向。

（4）目前我国使用的 SMT 设备已经与国际接轨，但设计、制造、工艺、管理技术与国际有差距，加强基础工艺研究，努力使我国真正成为 SMT 制造大国和制造强国是发展的总趋势。

# 习　题

1．什么是电子组装技术？

2．常用的工艺文件有哪些？

3．SMT 的基本工艺流程有哪些？

4．SMT 生产设备主要有哪些？

5．什么是 ISO9000？

6．5S 的主要内容有哪些？如何执行？

## 第 2 章

# 表面组装元器件

## 2.1　常用 SMT 元器件

表面组装元器件俗称无引脚元器件，也称为片状元件，问世于 20 世纪 60 年代，其特点是：尺寸小；重量轻；形状标准化；无引线或短引线；适合在印制板上进行表面安装。SMT 元器件与 THT 元器件的区别如图 2-1 所示。

（a）SMT 电路板　　　　　　　　　　　　（b）THT 电路板

图 2-1　SMT 元器件与 THT 元器件的区别

SMC：表面组装元件（Surface Mounted Components）的缩写，主要包括矩形片式元件、圆柱形片式元件、复合片式元件、异形片式元件。表面组装标准 CHIP 元件分为：

（1）电阻类（Resistor）：电阻（R）、排阻（RN）。

（2）电容类（Capacitor）：电容、排容、钽质电容、铝电容。

（3）电感类（Inductor）。

（4）二极管类（Diode）：一般二极管、发光二极管。

（5）晶体管类（Transistor）。

（6）振荡器类（Crystal）。

SMD：表面组装器件（Surface Mounted Devices）的缩写，主要包括片式晶体管和集成电路，其中，表面组装集成电路类元件又分为：基本 IC 类（Integrate Circuit），如 SOP、SOJ、PLCC、LCCC、QFP 等；BGA 类（Ball Grid Array），如 BGA、CSP、FC、MCM 等。

连接器类元件：分为 SMT 类连接器和 Through-Hole 类连接器。

### 2.1.1 电阻器

电阻器通常称为电阻。它分为固定电阻器和可变电阻器，在电路中起分压、分流、限流、缓冲等作用，是一种应用非常广泛的电子元件。

**1. SMC 固定电阻器**

按封装外形不同，可分为矩形片式电阻器和圆柱形片式电阻器。

（1）矩形片式电阻器，其外观是一个矩形，如图 2-2 所示。

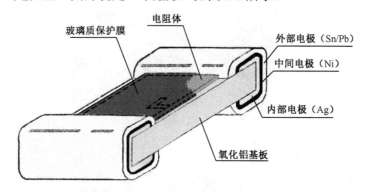

图 2-2　矩形片式电阻器外形图

矩形片式电阻器的组成结构如下。

① 电阻基体：氧化铝陶瓷基板。

② 基体表面：印刷电阻浆料，烧结形成电阻膜，刻出图形调整阻值。

③ 电阻膜表面：覆盖玻璃釉保护层。

④ 两侧端头：三层结构。

（2）圆柱形片式电阻器（简称 MELF），其结构如图 2-3 所示。

**2. SMC 电阻排（电阻网络）**

电阻排也称为电阻网络或集成电阻。按膜厚不同可分为厚膜电阻网络和薄膜电阻网络两大类；按结构不同可分为 SOP 型、芯片功率型、芯片载体型和芯片阵列型 4 种。其结构是将多个参数和性能都一致的电阻，按预定的配置要求连接后置于一个组装体内。图 2-4 所示为 8P4R（8 引脚 4 电阻）3216 系列表面组装电阻网络的外形。

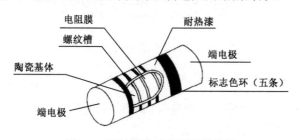

图 2-3　圆柱形片式电阻器结构图

图 2-4　SMC 电阻网络的外形

**3. SMC 电位器**

表面组装电位器又称为片式电位器（Chip Potentiometer），是一种可连续调节阻值的可变电阻器。其形状有片状、圆柱状、扁平矩形等多种类型，在电路中起到调节分电路电压和分电路电阻的作用。

片式电位器有敞开式、防尘式、微调式、全密封式四种不同的外形结构。

（1）敞开式结构。其外形和结构如图 2-5 所示。敞开式结构的电位器有直接驱动簧片结构和绝缘轴驱动簧片结构两种。这种电位器没有外壳保护，灰尘和潮气易进入其中，这样会对器件的性能有一定影响，但价格较低。敞开式结构的电位器仅适用于焊锡膏再流焊工艺，不适用于贴片波峰焊工艺。

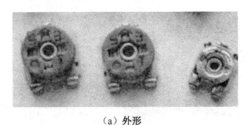

（a）外形

电阻膜　　　　　　　　　　　　　引出焊片

驱动簧片　　电刷

基片　　　　转轴

（b）直接驱动弹簧片结构　　　　（c）绝缘轴驱动弹簧片结构

图 2-5　敞开式电位器外形和结构

（2）防尘式结构。其外形和结构如图 2-6 所示。这种外形结构在有外壳或护罩的保护下，灰尘和潮气不易进入其中，故性能优良，常用于投资类电子整机和高档消费类电子产品中。

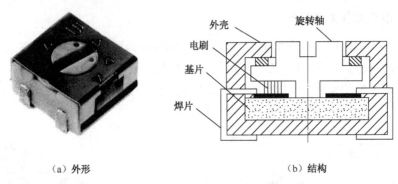

外壳　　旋转轴

电刷

基片

焊片

（a）外形　　　　　　　　　　（b）结构

图 2-6　防尘式电位器外形和结构

（3）微调式结构。其外形和结构如图 2-7 所示。这类电位器可对其阻值进行精细调节，故性能优良，但价格较高，常用于投资类电子整机电子产品中。

（4）全密封式结构。全密封式电位器的特点是性能可靠、调节方便，寿命长。其结构有圆柱结构和扁平结构两种，而圆柱形电位器的结构又分为顶调和侧调两种，如图 2-8 所示。

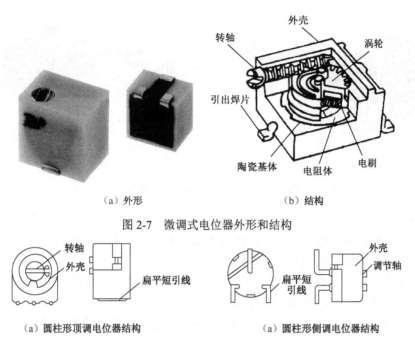

（a）外形　　　　　　　　　　（b）结构

图 2-7　微调式电位器外形和结构

（a）圆柱形顶调电位器结构　　　　　　（a）圆柱形侧调电位器结构

图 2-8　圆柱形电位器结构

## 2.1.2　电容器

电容器的基本结构十分简单，它是由两块平行金属极板以及极板之间的绝缘电介质组成的。电容器极板上每单位电压能够存储的电荷的多少称为电容器的容量，通常用大写字母 $C$ 表示。电容器每单位电压能够存储的电荷越多，其容量越大，即 $C=Q/V$。

表面组装电容器简称片式电容器，如图 2-9 所示。适用于表面组装的电容器已发展到多品种、多系列。如果按外形、结构和用途来分类，可达数百种。在实际应用中，表面组装电容器中有 80%是多层陶瓷电容器，其次是表面组装铝电解电容器和钽电解电容器。

图 2-9　表面组装电容器

### 1．SMC 多层片状陶瓷电容器

表面组装陶瓷电容器大多数用陶瓷材料作为电容器的介质。多层陶瓷电容器简称 MLC，通常为无引脚矩形结构，内部电极一般采用交替层叠的形式，根据电容量的需要，少则二、三层，多则数十层，其外形和结构如图 2-10 所示。

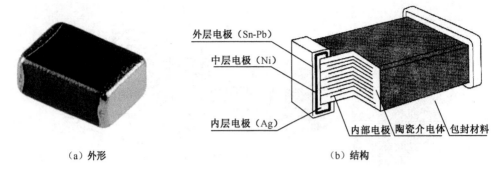

外层电极（Sn-Pb）
中层电极（Ni）
内层电极（Ag）
内部电极 陶瓷介电体 包封材料

（a）外形　　　　　　　　　　　　　　　　（b）结构

图 2-10　多层陶瓷电容器外形和结构

多层陶瓷电容器的特点如下。

① 由于电容器的介质材料为陶瓷，所以耐热性能良好，不容易老化。

② 瓷介电容器能耐酸碱及盐类的腐蚀，抗腐蚀性好。

③ 低频陶瓷材料的介电常数大，因而低频瓷介电容器单位体积的容量大。

④ 陶瓷的绝缘性能好，可制成高压电容器。

⑤ 高频陶瓷材料的损耗角正切值与频率的关系很小，因而在高频电路可选用高频瓷介电容器。

⑥ 陶瓷的价格便宜，原材料丰富，适宜大批量生产。

⑦ 瓷介电容器的电容量较小，机械强度较低。

### 2．SMC 电解电容器

常见的 SMC 电解电容器有铝电解电容器和钽电解电容器两种。

（1）SMC 铝电解电容器。SMC 铝电解电容器的容量和额定工作电压的范围比较大，把这类电容器做成贴片形式比较困难，故一般都是异形。SMC 铝电解电容器价格低廉，常被应用于各种消费类电子产品中。根据其外形和封装材料的不同，铝电解电容器可分为矩形（树脂封装）和圆柱形（金属封装）两类，如图 2-11 所示，通常以圆柱形为主。

（a）圆柱形　　　　　　　　　　　　　　　　（b）矩形

图 2-11　SMC 铝电解电容器

SMC 铝电解电容器的电容值及耐压值在其外壳上均有标注，外壳上的深色标记代表负极，如图 2-12 所示。

SMC 铝电解电容器是由铝圆筒做负极、内部装有液体电解质，再插入一片弯曲的铝带做正极制成的。其特点是容量大，但是漏电大、稳定性差、有正负极性，适用于电源滤波或低频电路中，使用时，正、负极不能接反。

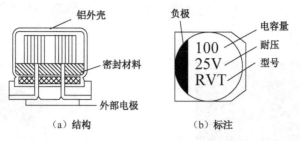

（a）结构　　　　（b）标注

图 2-12　SMC 铝电解电容结构和标注

（2）SMC 钽电解电容器。SMC 钽电解电容器以金属钽作为电容介质，可靠性很高，单位体积容量大，在容量超过 0.33μF 时，大都采用钽电解电容器。固体钽电解电容器的性能优异，是所有电容器中体积小而又能达到较大电容量的产品。因此容易制成适于表面贴装的小型和片式元件，如图 2-13 所示。

目前生产的钽电解电容器主要有烧结型固体、箔形卷绕固体、烧结型液体三种，其中烧结型固体约占目前生产总量的 95% 以上，其中以非金属密封型的树脂封装式为主。图 2-14 所示是烧结型固体电解质片状钽电容器的内部结构图。

图 2-13　贴装于 PCB 板上的钽电解电容器

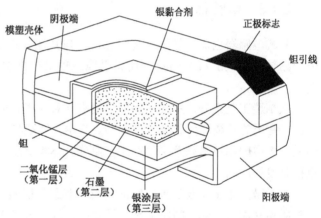

图 2-14　烧结型固体电解质片状钽电容器结构

SMC 钽电解电容器的外形都是片状矩形结构，按照其封装形式的不同，可分为裸片型、模塑型和端帽型，如图 2-15 所示。

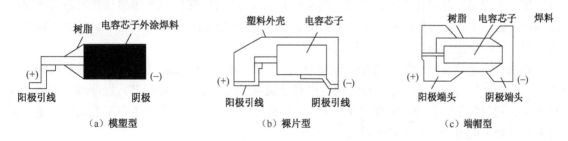

（a）模塑型　　　　　　（b）裸片型　　　　　　（c）端帽型

图 2-15　SMC 钽电解电容器的类型

（3）SMC 片状云母电容器。片式云母电容器其形状多为矩形，云母电容器采用天然云母作为电容极间的介质，其耐压性能好。云母电容由于受介质材料的影响，容量不能做得太大，一般在 10～10000pF 之间，而且造价相对其他电容器高。与多层片状瓷介电容器相比，体积略大，但耐热性好、损耗小，易制成小电容量、稳定性高、$Q$ 值高、精度高，适宜高频电路使用。其外形和内部结构如图 2-16 所示。

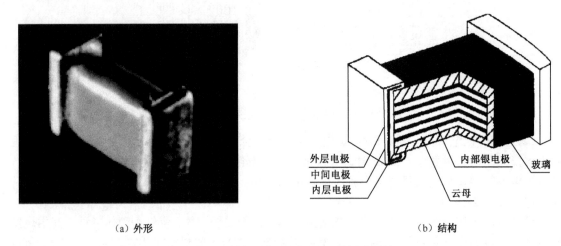

（a）外形　　　　　　　　　　　　　　　　（b）结构

图 2-16　SMC 片状云母电容器外形和结构

## 2.1.3　电感器

片式电感器也称为表面贴装电感器，与其他片式元器件（SMC 及 SMD）一样，是适用于表面贴装技术（SMT）的新一代无引线或短引线微型电子元件。其引出端的焊接面在同一平面上。

从制造工艺来分，片式电感器主要有 4 种类型，即绕线型、叠层型、编织型和薄膜片式电感器。常用的是绕线型和叠层型两种。其中，绕线型是传统绕线电感器小型化的产物，叠层型则采用多层印刷技术和叠层生产工艺制作，体积比绕线型片式电感器还要小，是电感元件领域重点开发的产品。

由于微型电感器要达到足够的电感量和品质因数（$Q$）比较困难，同时由于磁性元件中电路与磁路交织在一起，制作工艺比较复杂，故作为三大基础无源元件之一的电感器片式化，明显滞后于电容器和电阻器。

### 1. 绕线型电感器

绕线型电感器是将传统的卧式绕线电感器稍加改进后的产物。这种电感器在制造时将导线圈缠绕在磁芯上，若为低电感则用陶瓷作磁芯，若为大电感则用铁氧体作磁芯，绕组可以垂直也可以水平，绕线后再加上端电极即可。

绕线型电感器根据所用磁芯的不同可分为工字形结构（开磁路、闭磁路）、槽形结构、棒形结构、腔体结构。其中，工字形结构的电感器通常采用微小工字形磁芯，经绕线、焊接、电极成型、塑封等工序制成，如图 2-17 所示。这种类型电感器的特点是生产工艺简单，电性能优良，适合大电流通过，可靠性好。

而对于槽形和腔体结构的电感器则采用 H 形陶瓷芯，经过绕线、焊接、涂覆、环氧树脂封装等工序制成，如图 2-18 所示。由于电极已预制在陶瓷芯体上，其制造工艺更简单，并且能进一步微小型化。这类电感器的特点是电感值较小，自谐频率高，更适合高频使用。

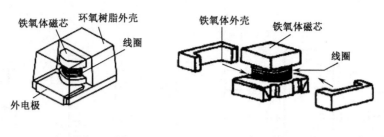

（a）工字形结构（开磁路）　　　　　（b）工字形结构（闭磁路）

图 2-17　绕线型电感器的结构

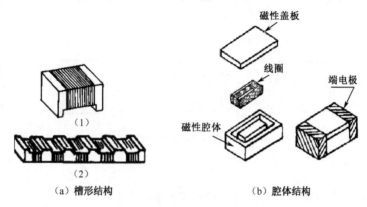

（1）

（2）

（a）槽形结构　　　　　　　　（b）腔体结构

图 2-18　绕线型电感器的结构

### 2. 叠层式电感器

叠层式电感器由铁氧体浆料和导电浆料相间形成多层的叠层结构，然后经烧结而成。其特点是具有闭路磁路结构，没有漏磁，耐热性好，可靠性高，与线绕型相比，尺寸小得多，适用于高密度表面组装，但电感量也小，$Q$ 值较低。

叠层型电感器多应用于高清晰数字电视、高频头、计算机板卡等领域。其外形和内部结构如图 2-19 所示。

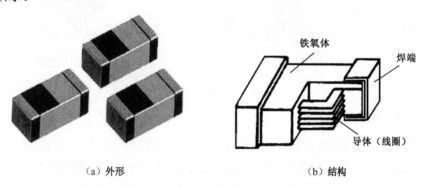

（a）外形　　　　　　　　　　（b）结构

图 2-19　多层型电感器外形和结构

## 2.1.4　SMD 分立组件

### 1. SMD 分立器件的外形

常用的 SMD 分立器件的外形如图 2-20 所示，电极引脚数一般为 2～6 个。其中二极管为 2 端或 3 端封装；小功率晶体管为 3 端或 4 端封装；4～6 端 SMD 内大多封装两只晶体管或场效应管。

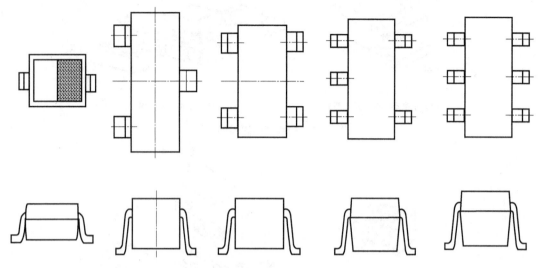

图 2-20　典型 SMD 分立器件外形

## 2．SMD 二极管

二级管是一种单向导电性组件，是一种有极性的组件。

SMD 二极管常见的封装外形有无引线柱形玻璃封装和片状塑料封装两种。其中，无引线柱形玻璃封装二极管通常有稳压二极管、开关二极管和通用二极管，片状塑料封装二极管一般为矩形片状，如图 2-21 所示。

（a）圆柱形二极管

（b）塑料封装二极管

图 2-21　SMD 二极管外形

## 3．SMD 晶体管

晶体三极管是半导体基本元器件之一，具有电流放大作用，是电子电路的核心组件。三极管是在一块半导体基板上制作两个相距很近的 PN 结，两个 PN 结把整块半导体分成三部分，中间部分是基区，两侧部分是发射区和集电区，排列方式有 PNP 和 NPN 两种。

小外形塑封晶体管（SOT）又称为微型片式晶体管，它作为最先问世的表面组装有源器件之一，通常是一种三端或四端器件，主要用于混合式集成电路中，被组装在陶瓷基板上。可分为 SOT-23、SOT-89、SOT-l43、SOT-252 几种尺寸结构，产品有小功率管、大功率管、场效应管和高频管几个系列，如图 2-22 所示。

| (a) SOT-23 | (b) SOT-89 | (c) SOT-l43 | (d) SOT-252 |

图 2-22　SOT 晶体管

（1）SOT-23 是通用的表面组装晶体管，有 3 条翼形引脚。

（2）SOT-89 的 b、c、e 三个电极是从管子的同侧引出，管子底部的金属散热片和集电极连在一起，同时晶体管芯片粘接在较大的铜片上，有利于散热。此晶体管适用于较高功率的场合。

（3）SOT-143 有 4 条翼形短引脚，对称分布在长边的两侧，引脚中宽度偏大一点的是集电极，这类封装常见于双栅场效应管和高频晶体管。

（4）SOT-252 封装的功耗可达 2～50W，两条连在一起的引脚或与散热片连接的引脚是集电极。

如今，SMD 分立器件封装类型和产品数已经达到 3000 种之多，每个厂商生产的产品中，其电极引出方式略有不同，在选用时必须先查阅相关手册资料。

### 2.1.5　集成电路

SMD 集成电路包括各种数字电路和模拟电路。由于封装技术的进步，SMD 集成电路的电气性能指标比 THT 集成电路更好。

#### 1. SMD 集成电路封装综述

集成电路封装不仅起到集成电路芯片内键合点与外部进行电气连接的作用，也为集成电路芯片提供了一个稳定可靠的工作环境，对集成电路芯片起到机械和环境保护的作用，从而使得集成电路芯片能发挥正常的功能。总之，集成电路封装质量的好坏，对集成电路总体的性能优劣影响很大。因此，封装应具有较强的力学性能，良好的电气性能、散热性能和化学稳定性。

（1）电极形式。表面组装器件 SMD 的 I/O 电极形式有无引脚和有引脚两种形式。常用无引脚形式的表面组装器件有 LCCC、PQFN 等，有引脚形式的器件中引脚形状有翼形、钩形（J形）和球形三种。翼形引脚一般用于 SOT、SOP、QFP 封装，钩形（J形）引脚一般用于 SOJ、PLCC 封装，球形引脚一般用于 BGA、CSP、Flip Chip 封装，如图 2-23 所示。

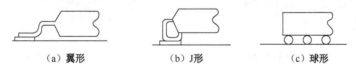

| (a) 翼形 | (b) J形 | (c) 球形 |

图 2-23　引线结构图

（2）封装材料。SMD 集成电路的封装材料通常有金属封装、陶瓷封装、金属—陶瓷封装和塑料封装。其中，金属封装中金属材料可以冲压，有封装精度高、尺寸严格、便于大量生产、价格低廉等特点；陶瓷封装中的陶瓷材料电气性能优良，适用于高密度封装；金属—陶瓷封装则兼有金属封装和陶瓷封装的优点；塑料封装中塑料的可塑性强，成本低廉，工艺简单，适合大批量生产。

（3）芯片的基板类型。基板的主要作用是搭载和固定裸芯片，同时还具有绝缘、导热、隔离和保护作用，人们通常把它称为芯片内外电路连接的"桥梁"。芯片的基板类型按材料分类有有机和无机之分，从结构上分类有单层、双层、多层和复合之分。

（4）封装比。评价集成电路封装技术的好坏，一个非常重要的指标是封装比。

$$封装比=芯片面积/封装面积$$

此值越接近 1 越好。

## 2. SMD 集成电路的封装形式

（1）小外形集成电路（SO）。引线比较少的小规模集成电路大多采用这种小型 SO 封装。SO 封装可以分为以下几种。

① SOP 封装：芯片宽度小于 0.15 英寸，电极引脚数一般在 8～40 个之间。

② SOL 封装：芯片宽度在 0.25 英寸以上，电极引脚数一般在 44 个以上。

③ SOW 封装：芯片宽度在 0.6 英寸以上，电极引脚数一般在 44 个以上。

④ 部分 SOP 封装采用了小型化或者薄型化封装的分别称为 SSOP 封装和 TSOP 封装。

对于大多数 SO 封装而言，其引脚都采用翼形电极，但也有一些存储器采用 J 形电极（称为 SOJ），如图 2-24 所示。

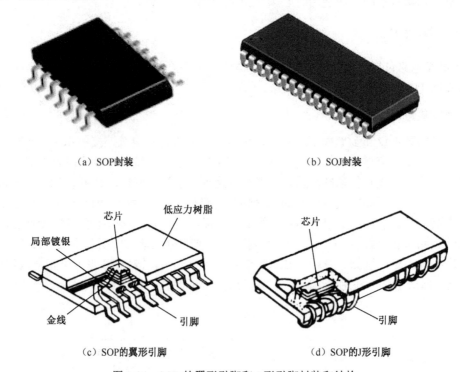

（a）SOP封装　　　　　　　　　　　　（b）SOJ封装

（c）SOP的翼形引脚　　　　　　　　　　（d）SOP的J形引脚

图 2-24　SOP 的翼形引脚和 J 形引脚封装和结构

（2）无引脚陶瓷芯片载体（LCCC）。LCCC 是陶瓷芯片载体封装的 SMD 集成电路中没有引脚的一种封装，如图 2-25 所示；芯片被封装在陶瓷载体上，无引线的电极焊端排列在封装底面上的四边，外形有正方形和矩形两种。

LCCC 的特点是无引线，引出端是陶瓷外壳，四侧的镀金凹槽，凹槽的中心距有 1.0mm 和 1.27mm 两种。它能提供较短的信号通路，电感和电容的损耗都比较低，通常用于高频电路中。

陶瓷芯片载体封装的芯片是全密封的，具有很好的环境保护作用，一般用于军品中。

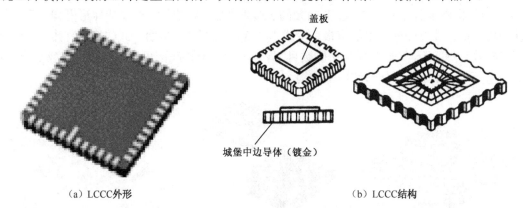

（a）LCCC外形　　　　　　　　　　　　　（b）LCCC结构

图 2-25　LCCC 封装的集成电路

（3）塑封有引脚芯片载体（PLCC）。PLCC 是集成电路的有引脚塑封芯片载体封装，引脚采用钩形引脚，故称为钩形（J 形）电极，电极引脚数目通常为 16～84 个，其外观与封装结构如图 2-26 所示。PLCC 封装的集成电路大多用于可编程的存储器。塑封器件以其优异的性能/价格比在 SMT 市场上占有绝对优势，得到广泛应用。

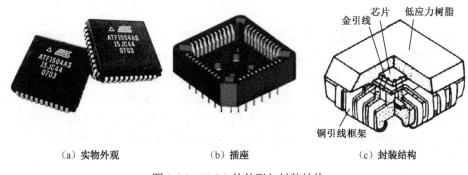

（a）实物外观　　　　　　　（b）插座　　　　　　　（c）封装结构

图 2-26　PLCC 的外形与封装结构

（4）方形扁平封装（QFP）。QFP 为四侧引脚扁平封装，引脚从四个侧面引出呈翼（L）形，如图 2-27 所示。封装材料有陶瓷、金属和塑料三种，其中塑料封装占绝大部分。QFP 这种封装的集成电路引脚较多，多用于高频电路，中频电路、音频电路、微处理器、电源电路等，目前已被广泛使用。

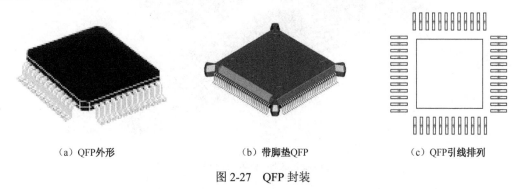

（a）QFP外形　　　　　　（b）带脚垫QFP　　　　　　（c）QFP引线排列

图 2-27　QFP 封装

（5）BGA 封装。BAG 即球栅阵列封装，是大规模集成电路的一种极富生命力的封装方法。BAG 封装是将原来器件 PLCC / QFP 封装的 J 形或翼形电极引脚，改变成球形引脚；把从器件本体四周"单线性"顺序引出的电极，变成本体底面之下"全平面"式的格栅阵排列。这样，既可以疏散引脚间距，又能够增加引脚数目。焊球阵列在器件底面可以呈完全分布或部分分布。图 2-28 所示为 BGA 器件外形和内部结构。

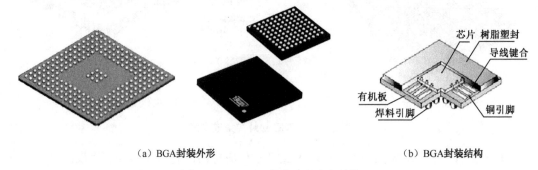

（a）BGA封装外形　　　　　　　　　　　　　　（b）BGA封装结构

图 2-28　BGA 器件外形和内部结构

球栅阵列封装具有体积小、I/O 多、电气性能优越（适合高频电路）、散热好等优点。缺点是印制电路板的成本增加，焊后检测困难、返修困难，PBGA 对潮湿很敏感，封装件和衬底容易开裂。

（6）CSP 封装。芯片组装器件的发展近年来相当迅速，已由常规的引脚连接组装器件形成带自动键合（TAB）、凸点载带自动键合（Bumped Tape Automated Bonding，BTAB）和微凸点连接（Micro-Bump Bonding，MBB）等多种门类。芯片组装器件具有批量生产、通用性好、工作频率高、运算速度快等特点，在整机组装设计中若配以 CAD 方式，还可大大缩短开发周期，目前已广泛应用在大型液晶显示屏、液晶电视机、小型摄录一体机、计算机等产品中。图 2-29 所示为采用 CSP 技术封装的内存条。可以看出，采用 CSP 技术后，内存颗粒所占用的 PCB 面积大大减小。

图 2-29　CSP 封装的内存条

表面组装技术的发展使电子组装技术中的集成电路固态技术和厚/薄膜混合组装技术同时

得到了发展,这个结果促进了芯片的组装与应用,给芯片组装器件的实用化创造了良好的条件。

CSP 是 BGA 进一步微型化的产物,问世于 20 世纪 90 年代中期,它的含义是封装尺寸与裸芯片相同或封装尺寸比裸芯片稍大(通常封装尺寸与裸芯片之比定义为 1.2:1)。CSP 外端子间距大于 0.5mm,并能适应再流焊组装。

CSP 的基本结构如图 2-30 所示。

图 2-30  CSP 基本结构

# 2.2  元器件的包装形式和常用设备配件

## 2.2.1  元器件的包装形式

表面组装元器件的包装形式主要有带式包装、管式包装和托盘式包装。

### 1. 带式包装

如图 2-31 所示,主要用于外形较规则的小型元器件,如电阻、电容、电感、二极管等,有单边孔和双边孔,上料时注意进料角度。

图 2-31  带式包装

### 2. 管式包装

如图 2-32 所示,常用在 SOIC 和 PLCC 包装上,添料时可能受人的影响,注意方向性。

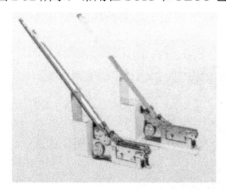

图 2-32  管式包装

### 3．托盘式包装

如图 2-33 所示，主要用于体形较大或引脚较易损坏的元件如 QFP、BGA 等器件，添料时注意方向性。

图 2-33　托盘式包装

## 2.2.2　自动化生产时的常用设备配件

### 1．Feeder（飞达）

以三星贴片机为例，具体规格如下。

（1）盘式飞达，如图 2-34（a）所示，有 8×2mm、8×4mm、12mm、16mm、24mm、32mm、44mm、56mm 规格。

（2）振动飞达，如图 2-34（b）所示。

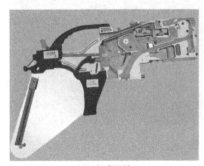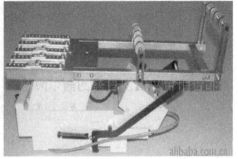

（a）盘式飞达　　　　　　　　　　　　　（b）振动飞达

图 2-34　三星贴片机专用飞达

（3）IC 托盘。如图 2-35 所示，主要用于体形较大或引脚较易损坏的元件。

图 2-35　IC 托盘

## 2. 吸嘴

（1）吸嘴的类型，如图 2-36 所示。

| 吸嘴名 | CN020 | CN030 | CN040 | CN065 | CN140 | CN220 | CN400 | CN750 | CN110 |
|---|---|---|---|---|---|---|---|---|---|
| 外形 | 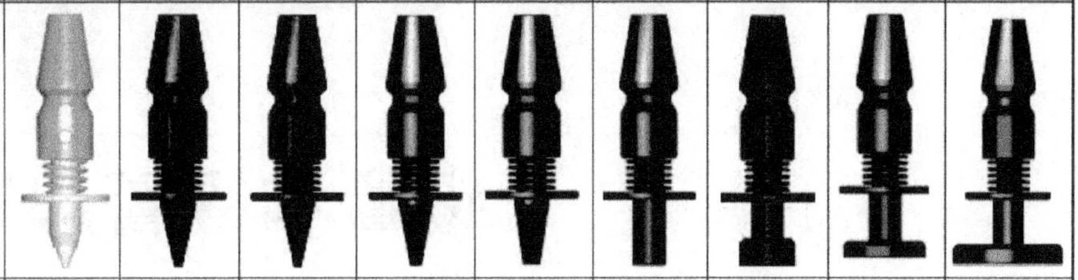 | | | | | | | | |
| 外径 | $\phi0.5$ | $\phi0.6$ | $\phi0.75$ | $\phi1.2$ | $\phi2.2$ | $\phi3.6$ | $\phi6.2$ | $\phi9.0$ | $\phi12.7$ |
| 内径 | $\phi0.16$ | $\phi0.28$ | $\phi0.38$ | $\phi0.65$ | $\phi1.4$ | $\phi2.2$ | $\phi4.0$ | $\phi7.5$ | $\phi11.0$ |

图 2-36　吸嘴的类型

（2）吸嘴的类型及适用元器件类型。如图 2-37 所示，各种类型的吸嘴分别应用于不同的元器件的吸取和放置，用于完成贴片机的自动化贴装元件。

| 吸嘴名 | 材料编号 | 部件最小宽度 | 适用部件 |
|---|---|---|---|
| CN020 | J90551006A | 0.2～0.50 | 专用 0402 chip |
| CN030 | J9055133C | 0.3～1.5 | 专用 0603 chip |
| CN040 | J9055134C | 0.5～1.25 | 专用 1005 chip |
| CN065 | J9055136C | 0.8～2.5 | 1608,2012,3216,Melf,Hemt,SSOP03,TR(23),TR2,chip-Tantal(3012) |
| CN140 | J9055256A | 2.5～4.0 | 3216, 6432, Chip-Aluminum(5753), Chip-Tantal(7343), TR(13), Trimmer, SOP2(04), SOP(48), SSOP08 |
| CN220 | J9055351A | 4.0～7.0 | Chip-Aluminum(7268), SOP(48), Connector, QFP(48), Chip-Coil(8280), Chip-Tantal(8060) |
| CN400 | J9055258B | 7.0～10.0 | Chip-Aluminum (9082), SOP(66), SOP2(50), QFP(44), PLCC(18), SOJ2, Connector, TR(22), BGA (208G), ChipCoil(1212) |
| CN750 | J9055259B | 10.0～ | QFP(208), PLCC (32), SOP(66), SOJ(24), BGA (062G) |
| CN110 | J9055260B | 20.0～ | QFP(256), BGA(388G) |

图 2-37　吸嘴的类型及适用的元器件类型

# 习　　题

1．SMC 和 SMD 的定义是什么？

2．电阻器的单位有哪些？如何换算？

3．SMD 集成电路的封装有哪些？

4．元器件的包装形式有哪些？

5．元器件的供料器有哪些类型？

6．认识有哪些常用电子元件？

7．哪些电子元件在生产中具有方向性？

8．常见电子元件有哪些封装形式？

9．一般电子元件在 PCB 中的丝印用什么表示？

## 第 3 章

# 锡膏和锡膏印刷技术

焊锡膏也称为锡膏，英文名为 solder paste，颜色呈灰色。焊锡膏印刷的原理是：先制作一张与焊盘位置相对应的钢网，安装于锡膏印刷机上，通过摄像头定位或人眼观察，确保钢板孔与 PCB 上的焊盘位置对准，定位完成后，锡膏机上的刮刀在钢网上来回移动，锡膏即透过钢板上的孔，覆盖在 PCB 的特定焊盘上，完成印刷的工作。所以，锡膏的印刷工艺包括焊锡膏、网板和印刷工艺。

## 3.1  焊锡膏

### 3.1.1  焊锡膏的化学组成

焊锡膏是伴随着 SMT 应运而生的一种新型焊接材料，是一种由焊料粉、助焊剂以及其他添加物混合而成的膏体。焊锡膏在常温下有一定的黏性，可将电子元器件初粘在既定位置，在焊接温度下，随着溶剂和部分添加剂的挥发，将被焊元器件与印制电路焊盘焊接在一起形成永久连接。

#### 1. 焊料粉

焊料粉主要是锡铅（Sn/Pb）合金粉末，伴随着无铅化及 ROHS 绿色生产的推进，有铅锡膏已渐渐淡出了 SMT 制程，对环境及人体无害的 ROHS 对应的无铅锡膏已经被业界所接受。

ROHS 无铅焊料粉末由多种金属粉末组成，目前的几种无铅焊料配比共晶有锡 Sn-银 Ag-铜 Cu、锡 Sn-银 Ag-铜 Cu-铋 Bi、锡 Sn-锌 Zn，其中锡 Sn-银 Ag-铜 Cu 配比的使用最为广泛。各种合金焊料粉的成分特点对比如表 3-1 所示。

表 3-1  合金焊料粉成分特点对比

| 无铅焊锡化学成分 | 熔点范围 | 说　明 |
| --- | --- | --- |
| 48Sn/52In | 118℃共熔 | 低熔点、昂贵、强度低 |
| 42Sn/58Bi | 138℃共熔 | 已制定、Bi 的可利用关注 |
| 91Sn/9Zn | 199℃共熔 | 渣多、潜在腐蚀性 |
| 93.5Sn/3Sb/2Bi/1.5Cu | 218℃共熔 | 高强度、很好的温度疲劳特性 |
| 95.5Sn/3.5Ag/1Zn | 218～221℃ | 高强度、好的温度疲劳特性 |

| 无铅焊锡化学成分 | 熔点范围 | 说　明 |
|---|---|---|
| 93.3Sn/3.1Ag/3.1Bi/0.5Cu | 209～212℃ | 高强度、好的温度疲劳特性 |
| 99.3Sn/0.7Cu | 227℃ | 高强度、高熔点 |
| 95Sn/5Sb | 232～240℃ | 好的剪切强度和温度疲劳特性 |
| 65Sn/25Ag/10Sb | 233℃ | 摩托罗拉专利、高强度 |
| 96.5Sn/3.5Ag | 221℃共熔 | 高强度、高熔点 |
| 97Sn/2Cu/0.8Sb/0.2Ag | 226～228℃ | 高熔点 |

### 2. 助焊剂

助焊剂主要由活化剂、触变剂、树脂、溶剂等成分组成，按照活性可分为 RSA（强活性）、RA（活性）、RMA（中等活性）、R（非活性），各成分的功能如表 3-2 所示，助焊剂的组成对焊锡膏的扩展性、润湿性、塌落度、粘性变化、清洗性、焊珠飞溅及储存寿命均有较大影响。

表 3-2　助焊剂的主要成分和功能

| 助焊剂成分 | 使用的主要材料 | 功　　能 |
|---|---|---|
| 活化剂 | 胺、苯胺、联氨卤化盐、硬脂酸等 | 去除 PCB 铜膜焊盘表层及零件焊接部位的氧化物质的作用，同时具有降低锡、铅表面张力 |
| 触变剂 | 松香、松香酯、聚丁烯 | 调节焊锡膏的黏度以及印刷性能，在印刷中防止出现拖尾、粘连等现象 |
| 树脂 | 松香、合成树脂 | 净化金属表面、提高润湿性、防止焊后 PCB 再度氧化 |
| 溶剂 | 甘油、乙醇类、酮类 | 在锡膏的搅拌过程中起调节均匀的作用 |
| 其他 | 黏结剂、界面活性剂、消光剂 | 防止分散和塌边，调节工艺性 |

## 3.1.2　锡膏的分类

锡膏的分类，如图 3-1 所示。

### 按合金焊料的熔点分类

根据焊接所需温度的不同，选择焊锡膏

| 合金焊料 | 熔点（℃） |
|---|---|
| Sn-3.2Ag-0.5Cu | 217～218 |
| Sn-3.5Ag | 221 |
| Sn-2.5Ag | 221～226 |
| Sn-0.7Cu | 227 |

### 按类型分类

越小越均匀越好且锡球越圆越好

| 类型 | 形状 | 直径（μm） |
|---|---|---|
| 400 | 球形 | 37 |
| 500 | 球形 | 30 |
| 625 | 球形 | 20 |

### 按锡膏黏度分类

依据工艺不同进行选择

| 制程方式 | 黏度要求（单位:kPa·s） |
|---|---|
| 点胶 | 200～400 |
| 网板 | 400～600 |
| 钢板 | 400～1200 |

### 按清洗方式分类

根据焊接过程中所使用的助焊剂、焊料成分来确定。

电子产品的清洗方式分为有机溶剂清洗、水清洗、半水清洗和免清洗。

图 3-1　锡膏的分类

### 3.1.3 锡膏存放领用管理

**1．锡膏存放**

（1）根据生产需要控制锡膏使用周期，存货储存时间不超过 3 个月。

（2）锡膏入库保存按不同种类、批号、厂家分开放置。

（3）锡膏的储存条件要求温度 4～8℃，相对湿度低于 50%。

（4）锡膏使用遵循先进先出的原则，并作记录。

（5）每周检测储存的温度和湿度并作记录。

**2．使用及环境要求**

（1）锡膏从冰箱拿出，贴上"控制使用标签"并填上"回温开始时间和签名"。

（2）锡膏使用前先在罐内进行充分搅拌，搅拌方式有机器搅拌和人工搅拌两种。

（3）从瓶内取锡膏时应注意尽量少量添加到钢模，添加完后一定要旋好盖子，防止锡膏暴露在空气中，开盖后的锡膏使用的有效期在 24 小时内。

（4）印刷锡膏过程在 18～24℃，40%～50%RH 环境作业最好，不可有冷风或热风直接对着吹，温度超过 26.6℃，会影响锡膏性能。

（5）已开盖的焊锡膏原则上应尽快用完，如果不能做到这一点，可在工作日结束将钢模上剩余的锡膏装进一空罐子内，留待下次使用。但使用过的锡膏不能与未使用的锡膏混装在同一瓶内，因为新鲜的锡膏可能会受到使用过的锡膏所污染而发生变质。

（6）新开盖锡膏，必须检查锡膏的解冻时间是否在 6～24 小时内，并在"使用标签"上填上"开盖时间"及"使用有效时间"。

（7）使用已开盖的锡膏前，必须先了解开盖时间，确认是否在使用的有效期内。

（8）当天没有用完的锡膏，如果第二天不再生产的情况下将其放回冰箱保存，并在标签上注明。

（9）印刷后尽量在 4 小时内完成再流焊。

（10）免清洗焊膏修板后不能用酒精擦洗。

（11）需要清洗的产品，再流焊后应当天完成清洗。

### 3.1.4 焊料粉的相关特性及品质要求

**1．锡粉的颗粒形态**

（1）要求锡粉颗粒大小分布均匀，以 25～45μm 的锡粉为例，通常要求 35μm 左右的颗粒分度比例为 60%左右，35μm 以下及以上部分各占 20%左右；

（2）要求锡粉颗粒形状较为规则，根据"中华人民共和国电子行业标准《锡铅膏状焊料通用规范》（SJ/T 11186—1998）"中相关规定如下："合金粉末形状应是球形的，但允许长轴与短轴的最大比为 1.5 的近球形状粉末。如用户与制造厂达成协议，也可为其他形状的合金粉末。"在实际的工作中，通常要求为锡粉颗粒长、短轴的比例一般在 1.2 以下。

**2．焊料粉与助焊剂的比例**

选择锡膏时，应根据所生产产品、生产工艺、焊接元器件的精密程度以及对焊接效果的要求等方面，去选择不同的锡膏。

（1）根据"中华人民共和国电子行业标准《锡铅膏状焊料通用规范》（SJ/T 11186—1998）"中相关规定，"焊膏中合金粉末百分（质量）含量应为 65%～96%，合金粉末百分（质量）含量的实测值与订货单预定值偏差不大于±1%"；通常在实际的使用中，所选用锡膏其锡粉含量大约为 90%，即锡粉与助焊剂的比例大致为 90∶10。

（2）普通的印刷制式工艺多选用锡粉含量在 89%～91.5%的锡膏。

（3）当使用针头点注式工艺时，多选用锡粉含量在 84%～87%的锡膏。

### 3．焊料的选用

锡铅焊料标准：GB/T8012—2000/GB/T3131—2001，根据熔点不同可分为硬焊料和软焊料；根据组成成分不同可分为锡铅焊料、银焊料、铜焊料等。在锡焊工艺中，一般使用锡铅合金焊料。

（1）锡铅焊料是常用的锡铅合金焊料，主要由锡和铅组成，还含有锑等微量金属成分。锡铅焊料主要用途：广泛用于电子行业的软钎焊、散热器及五金等各行业波峰焊、浸焊等精密焊接、特殊焊接工艺以及喷涂、电镀等。经过特殊工艺调质精炼处理而生产成的抗氧化焊锡条，具有独特的高抗氧化性能，浮渣比普通焊料少，具有损耗少、流动性好，可焊性强、焊点均匀、光亮等特点。

（2）共晶焊锡是指达到共晶成分的锡铅焊料，合金成分中锡的含量为 61.9%、铅的含量为 38.1%。在实际应用中一般将含锡 60%、含铅 40%的焊锡称为共晶焊锡。在锡和铅的合金中，除纯锡、纯铜和共晶成分是在单一温度下熔化外，其他合金都是在一个区域内熔化，所以共晶焊锡是锡铅焊料中性能最好的一种。

## 3.1.5 焊锡膏的物理特性

锡膏具有黏性，常用的黏度符号为 μ；单位为 kPa•s。如图 3-2 所示，锡膏在印刷时，受到刮刀的推力作用，其黏度下降，当到达网板开口孔时，黏度达到最低，故能顺利通过网板孔沉降到 PCB 的焊盘上，随着外力的停止，锡膏的黏度又迅速地回升，这样就不会出现印刷成型的塌落和漫流，从而得到良好的印刷效果。

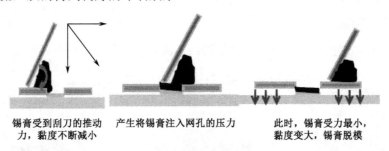

锡膏受到刮刀的推动力，黏度不断减小　　产生将锡膏注入网孔的压力　　此时，锡膏受力最小，黏度变大，锡膏脱模

图 3-2　锡膏的物理特性

黏度是锡膏的一个重要特性，从动态方面讲，在印刷行程中，黏性越低，对流动性越好，越易于流入钢网孔内；从静态方面讲，印刷后，锡膏停留在钢网孔内，其黏度越高，则越容易保持其填充的形状，而不会往下塌陷。

## 3.2 网板

### 3.2.1 网板制作的关键

网板又称为模板,是焊膏印刷的关键部件,由网框、丝网和掩膜图形构成,如图 3-3 所示。掩膜图形用适当的方法制作在丝网上,与 PCB 上待漏印焊膏的 SMT 焊盘一一对应,丝网则绷在网框上,同时应注意到网板制作的几个关键。

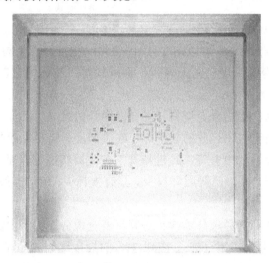

图 3-3　网板

**1．网框**

网框的作用是支撑和绷紧丝网,使网板与 PCB 夹持机构的工作台保持平行。一般采用中空铝合金型材,既满足强度要求,又便于印刷操作。

**2．丝网**

丝网绷紧在网框上,它是掩膜图形的载体,也是控制焊锡膏印刷量的重要工具,它能决定焊锡膏印刷精度和质量。丝网可用不同材料编制,其中不锈钢丝网最适合于焊锡膏印刷。

**3．网板开口类型**

如图 3-4 所示,网板的开口方法有化学腐蚀、激光切割和电铸成型三种方法。

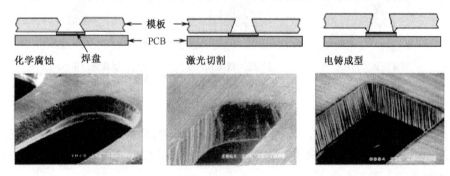

图 3-4　网板开口类型

（1）化学腐蚀。化学腐蚀开口的孔壁粗糙，只能用于 0.65mm 以上间距印刷，但比其他钢网费用低。

（2）激光切割。激光切割采用锥形开孔，有利于脱模，可以用 Gerber 文件加工，误差更小，精度更高。

（3）电铸成型。电铸成型的孔壁光滑且可以收缩，具有最好的脱模特性，在硬度和强度方面更胜于不锈钢，耐磨性更好，适合 0.3mm 以下间距的印刷，但制作费用高昂。

### 3.2.2 网板的各部分与焊锡膏印刷的关系

#### 1. 开孔的外形尺寸

网板上开孔的形状与 PCB 上焊盘的形状对焊锡膏的精密印刷是非常重要的。网板上的开孔主要由 PCB 上相对应的焊盘的尺寸决定。一般来说，网板上开孔的尺寸应比相对应焊盘的尺寸小 10%。

#### 2. 网板的厚度

网板的厚度与开孔的尺寸对焊锡膏的印刷以及后面的再流焊有着很大的影响，厚度越薄，开孔越大，就越有利于焊膏印刷。经证明，良好的印刷质量必须要求开孔尺寸与网板厚度比值大于 1.5，否则焊膏印刷不完全。一般情况下，对 0.5mm 的引脚间距用厚度为 0.12～0.15mm 网板；对 0.3～0.4mm 的引脚间距用厚度为 0.1～0.12mm 网板。

#### 3. 网板开孔方向与尺寸

焊膏在焊盘长度方向上的释放与印刷方向一致时，比两者方向垂直时的印刷效果好。

## 3.3 锡膏印刷

锡膏印刷是一个工艺性很强的过程，其原理如图 3-5 所示，涉及的工艺参数非常多，任何一个参数调整不当都会对贴装产品质量造成非常大的影响。

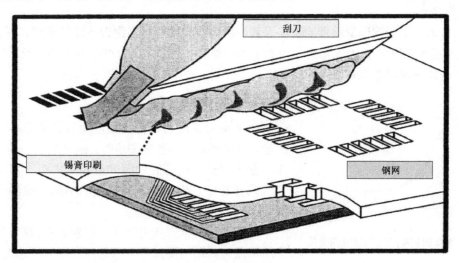

图 3-5 锡膏印刷

### 3.3.1 SMT 印刷工艺参数

#### 1. 图形对准

通过印刷机相机对工作台上的基板和钢网的光学定位点（MARK 点）进行对中，再进行基板与钢网的 $X$、$Y$、$\theta$ 精细调整，使基板焊盘图形与钢网开孔图形完全重合。

#### 2. 刮刀与钢网的角度

刮刀与钢网的角度如图 3-6 所示，角度越小，向下的压力越大，越容易将锡膏注入网孔中，但也容易使锡膏被挤压到钢网的底面，造成锡膏粘连。一般为 45°～60°。目前，自动和半自动印刷机大多采用的角度为 60°。

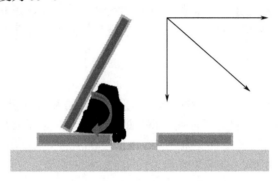

图 3-6　刮刀与钢网的角度

#### 3. 锡膏的投入量（滚动直径）

锡膏的滚动直径 $\phi h \approx 13\sim23\text{mm}$ 较合适。$\phi h$ 过小，易造成锡膏漏印、锡量少；$\phi h$ 过大，过多的锡膏在印刷速度一定的情况下，易造成锡膏无法形成滚动运动，锡膏无法刮干净，造成印刷脱模不良、印刷后锡膏偏厚等印刷不良，且过多的锡膏长时间暴露在空气中对锡膏质量不利。

在生产中作业员每半个小时检查一次网板上的锡膏条的高度，每半小时将网板上超出刮刀长度外的锡膏用电木刮刀移到网板的前端并均匀分布锡膏。

#### 4. 刮刀压力

刮刀压力也是影响印刷质量的重要因素。刮刀压力实际是指刮刀下降的深度，压力太小，刮刀没有贴紧钢网表面，因此相当于增加了印刷厚度。另外，压力过小会使钢网表面残留一层锡膏，容易造成印刷成型黏结等印刷缺陷。

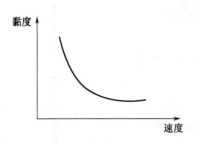

图 3-7　锡膏的黏度随刮刀速度的变化

#### 5. 印刷速度

由于刮刀速度与锡膏的黏度呈反比关系，如图 3-7 所示，有窄间距、高密度图形时，速度要慢一些。速度过快，刮刀经过钢网开孔的时间就相对太短，锡膏不能充分渗入开孔中，容易造成锡膏成型不饱满或漏印等印刷缺陷。

印刷速度和刮刀压力存在一定的关系，降低速度相当于增加压力，适当降低压力可起到提高印刷速度的效果。

理想的刮刀速度与压力应该是正好把锡膏从钢网表面刮干净。

### 6. 印刷间隙

印刷间隙是钢网与 PCB 之间的距离，关系到印刷后锡膏在 PCB 上的留存量。

### 7. 钢网与 PCB 分立速度

锡膏印刷后，钢网离开 PCB 的瞬间速度即为分离速度，是关系到印刷质量的参数，在密间距、高密度印刷中最为重要。先进的印刷机，其钢网离开锡膏图形时有一（或多个）个微小的停留过程，即多级脱模，这样可以保证获取最佳的印刷成型。

如图 3-8 所示，分离速度偏大时，锡膏黏着力减少，锡膏与焊盘的凝聚力小，使部分锡膏粘在钢网底面和开孔壁上，造成少印和锡塌等印刷缺陷。

分离速度减慢时，锡膏的黏度大、凝聚力大而使锡膏很容易脱离钢网开孔壁，印刷状态好。

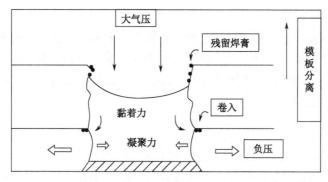

图 3-8  模板分离控制

### 8. 清洗模式和清洗频率

清洗钢网底面也是保证印刷质量的因素。应根据锡膏、钢网材料、厚度及开孔大小等情况确定清洗模式和清洗频率（设定干洗、湿洗、一次往复、擦拭速度等）。

钢网污染主要是由于锡膏从开孔边缘溢出造成的。如果不及时清洗，会污染 PCB 表面，钢网开孔四周的残留锡膏会变硬，严重时还会堵塞钢网开孔。

## 3.3.2  影响焊锡膏印刷质量的因素

影响锡膏印刷质量的主要因素包括以下几点。

（1）钢网质量。钢网厚度与开口尺寸确定了锡膏的印刷量。锡膏量过多会产生桥接，锡膏量过少会产生锡膏不足或虚焊。钢网开口形状及开孔壁是否光滑也会影响脱模质量。

（2）锡膏质量。锡膏的黏度、印刷性（滚动性、转移性）、常温下的使用寿命等都会影响印刷质量。

（3）印刷工艺参数。刮刀速度、压力、刮刀与网板的角度以及锡膏的黏度之间存在一定的制约关系，因此只有正确控制这些参数，才能保证锡膏的印刷质量。

（4）设备精度。在印刷高密度、细间距产品时，印刷机的印刷精度和重复印刷精度也会起一定影响。

（5）环境温度、湿度以及环境卫生。环境温度过高会降低锡膏的黏度；湿度过大时锡膏会吸收空气中的水分，湿度过小时会加速锡膏中溶剂的挥发；环境中灰尘混入锡膏中会使焊点产生针孔等缺陷。

# 3.4　焊锡膏印刷过程的工艺控制

### 3.4.1　丝印机印刷参数的设定调整

#### 1．刮刀压力

刮刀压力的改变，对焊膏印刷影响重大。压力太小，焊膏不能有效地到达网板开孔的底部，且不能很好地沉积在焊盘上；压力太大，焊膏印得太薄，甚至会损坏网板。理想状态为正好把焊膏从网板表面刮干净。另外，刮刀的硬度也会影响焊膏的厚薄。太软的刮刀（复合刮刀）会使焊膏凹陷，所以在进行细间距印刷时建议采用较硬的刮刀或金属刮刀。

#### 2．印刷厚度

印刷厚度是由网板的厚度决定的，此处，机器的设定和焊膏的特性也有一定的影响。印刷厚度的微量调整，经常是通过调节刮刀速度及刮刀压力来实现的。适当降低刮刀的印刷速度，能够增加印到 PCB 的焊膏量，即降低刮刀的速度等于提高刮刀的压力；相反，提高刮刀的速度等于降低了刮刀的压力。

#### 3．印刷速度

印刷速度主要是指刮刀速度。刮刀速度快有利于网板的回弹，但同时会阻碍焊膏向 PCB 焊盘上输送，而速度过慢会引起焊盘上所印焊膏的分辨率不良。另一方面，刮刀速度和焊膏黏滞度有很大的关系。刮刀速度越慢，焊膏黏滞度就越大；反之，刮刀速度越快，焊膏黏滞度就越小。通常，对于细引脚间距，刮刀速度为 25mm/s 左右。

#### 4．印刷方式

网板的印刷方式可分为接触式（Oncontact）和非接触式（Offcontact）。网板与 PCB 之间存在间隙的印刷称为非接触式印刷。在机器上这个距离是可调整的，一般间隙为 0～1.27mm。网板印刷没有印刷间隙（即零间隙）的印刷方式称为接触式印刷。接触式印刷的网板垂直抬起可使印刷质量所受影响最小，它尤其适用于细间距的焊膏印刷。

#### 5．刮刀的参数

刮刀的参数包括刮刀的材料、厚度和宽度，刮刀相对于刀架的弹力以及刮刀相对于网板的角度等，这些参数均不同程度地影响着焊膏的分配。其中，刮刀相对于网板的角度为 60°～65° 时，焊膏印刷的质量最佳。

在印刷的同时要考虑到开口尺寸和刮刀走向的关系。焊膏的传统印刷方法是刮刀沿着网板的 $X$ 或 $Y$ 方向以 90° 角运行，这往往导致了元器件在开孔不同走向上焊膏量不同。实验证明，当开孔长度方向与刮刀方向平行时，刮出的焊膏厚度比两者垂直时刮出的焊膏厚度多了 60%。刮刀以 45° 角运行，可明显改善焊膏在不同网板开孔走向上的失衡现象，同时还可以减小刮刀对细引脚间距的网板开孔的损坏。

#### 6．脱模速度

PCB 与网板的脱离速度也会对印刷效果产生较大影响。时间过长，易在网板底部残留焊膏，时间过短，不利于焊膏的直立，影响其清晰度。

### 7．网板清洁

生产过程中对网板的清洁方式和清洁频率将直接影响印刷质量的好坏，建议采用酒精清洗和用压缩空气喷吹两种方式相结合对网板进行清洁。一般在生产 10 块 PCB 后应对网板进行清洗，清洁方法为：先用洁净的纱布蘸取适量的酒精进行两面擦拭，然后用气枪由底向上喷吹（反之则易污染 PCB），最后再用干布擦拭干净。其中要注意的问题是酒精不要用得太多，否则网板底部残留的少量酒精与 PCB 接触时会浸润 PCB 焊盘，使焊盘对焊膏的黏着力下降，造成印刷焊膏过少。另外也要注意气压不要过大，否则容易造成 QFP 的引脚开孔处变形。

## 3.4.2　常见印刷缺陷及解决办法

焊膏印刷是一项十分复杂的工艺，既受材料的影响，同时又跟设备和参数有直接关系，通过对印刷过程中各个细小环节的控制，可以防止在印刷中经常出现的缺陷。下面列出了一些常见的印刷不良现象及原因分析。

### 1．焊膏桥接

（1）设备原因：设备参数设置不当，如印刷间隙过大，使焊膏压进网孔较多，焊膏厚度过高。

（2）人为原因：如长时间不清洁网板，上一次残留物就会在网孔中积累，焊膏干化，清洁后还有少量的焊膏残留等。

（3）原材料不良，焊盘比 PCB 表面低。

### 2．焊膏少

（1）设备原因：如开孔阻塞或部分焊膏粘在网板底部；印刷后脱模时间过短，下降过快使焊膏未能完全贴在焊盘上，少部分残留在网板网孔中或网板底部。

（2）人为原因：网板长时间不清洁，焊膏干化。

（3）原材料不良，PCB 焊盘污染，焊膏不能很好地贴在焊盘上。

### 3．焊膏渣

（1）设备原因：网板与 PCB 之间间隙过大，焊膏残留未能及时清除。

（2）人为原因：网板不干净或清洁后仍有残留。

（3）原材料不良，基本与其他不良现象相似。

（4）焊膏厚度不一致。

## 3.4.3　焊膏高度的检测

据统计，组装件的焊点缺陷有一半以上是由于印刷不良造成的，因此在印刷完成后对焊膏印刷效果进行检查非常必要。传统的做法是在印刷完成之后安排一个工位进行人工检查，对不合格品进行修补或剔除。但是，目前 CSPT（芯片尺寸封装）芯片最细间距降到 0.5mm，对焊膏印刷进行定性判断已不能满足需要，必须对焊膏的高度（厚度）、宽度、体积等做定量分析，这就要用到先进的测量仪器。

### 1．测量原理

一般焊膏的印刷高度在 100pm 数量级，无法直接用尺规进行测量，通常都是采用间接方式计算其高度。将一束光以 45° 入射角照在被测焊膏上，通过测量该光束在焊膏的顶部和底部的交线在垂直方向上的投影 $d$，就可计算出被测物体的高度。

**2. 自动高度测量仪**

早期的测量装置用一个 CCD 摄像机将 PCB 平面图像在显示器上显示出来，显示屏上有上下两条水平线和左右两条竖直线，可通过控制旋钮调节其上下位置，将两条水平线分别与 PCB 上测量光束在焊膏顶部和底部的交线重合，测量仪可根据两个旋钮（电位器）的值计算出焊膏的高度，在屏幕上显示出结果。

目前最新的高度测量仪采用了高性能计算机系统并融入先进的数据采集和图像处理技术，只需简单设置，就可让机器完全自动地对一块板或一批板进行测量。

为保证表面贴装产品质量，必须对生产各个环节中有影响的关键因素进行分析研究，找出有效的控制方法。作为关键工序的焊膏印刷更是重中之重，只有制定出合适的参数，并掌握它们之间的规律，才能得到优质的焊膏印刷质量。

# 3.5  锡膏印刷机介绍

### 3.5.1  手工印刷机

手动印刷焊锡膏工艺用于小批量的生产使用，此方法简单，成本极低，使用方法灵活。但其定位精度差，只适合精度要求较低的印刷场合或科研。手动印刷机的各种参数和动作均需人工调节与控制，如图 3-9 所示。

### 3.5.2  半自动印刷机

半自动印刷机除了 PCB 装夹过程是人工放置外，其余动作机器可连续完成，但第一块 PCB 与模板的窗口位置是通过人工对中的。通常 PCB 通过印刷机台面下的定位销来实现定位对中，因此 PCB 板面上应设有高精度的工艺孔，以供装夹用，如图 3-10 所示。

图 3-9  手工印刷机          图 3-10  半自动印刷机

### 3.5.3　全自动印刷机

**1．全自动视觉印刷机系统的主要组成部分**

全自动视觉印刷机系统包括机械、电气两大部分，如图 3-11 所示。机械部分由运输系统、网板夹持装置、PCB 板柔性夹持及定位装置、视觉系统、刮刀系统、自动网板清洗装置、可调印刷工作台、气动系统等组成。电气部分由计算机及控制软件、计数器、驱动器、步进电机和伺服电机以及信号监测系统组成。

图 3-11　全自动视觉印刷机

（1）运输系统。

组成：包括运输导轨、运输带轮及皮带、直流电机、停板装置、导轨调宽装置等。

功能：对 PCB 进板、出板的运输、停板位置及导轨宽度进行自动调节，从而适应不同尺寸的 PCB 基板。

（2）网板夹持装置。

组成：包括网板移动装置、网板固定装置等。

功能：夹持网板的宽度可调，并可对钢网位置固定、夹紧。

（3）PCB 板柔性夹持及定位装置。

组成：真空盒组件、真空平台、磁性顶针、柔性的夹板装置等。

功能：柔性的板处理装置可定位夹持各种尺寸和厚度的 PCB 基板，带有可移动的磁性顶针和真空吸附装置，有效控制 PCB 基板的挠度，防止板变形。

（4）视觉系统。

组成：包括 CCD 运动部分和 CCD—Camera 装置（摄像头、光源）及高分辨率显示器等，由视觉系统软件进行控制。

功能：上视/下视视觉系统，独立控制与调节的照明，高速移动的镜头确保快速、精确地进行 PCB 和钢网板对准，无限制的图像模式识别技术具有 0.01mm 的识别精度。

（5）刮刀系统。

组成：包括印刷头（刮刀升降步进控制装置、刮刀片安装部分）、刮刀横梁及刮刀驱动部分（伺服马达、同步齿轮驱动）等。

功能：悬浮式印刷头，具有特殊设计的高刚性结构，刮刀压力、速度均由计算机伺服控制，调节方便，维持印刷质量的均匀稳定。

（6）自动网板清洗装置。

组成：包括真空管、真空发生器、清洗液储存和喷洒装置、卷纸装置、升降汽缸等。网板清洗装置被安装在视觉系统后面，通过视觉系统决定清洗行程，自动清洗网板底面。进行清洗时清洗卷纸上升并且贴着模板底面移动，用过的清洗纸被不断地绕到另一滚筒上。清洗间隔时间可自由选择，清洗行程可根据印刷行程自行设定。进行湿洗时，当储存罐中清洗液不够时，系统出现报警显示，此时应将其充满清洗液。干、湿、真空洗周期可自由调节。

功能：可编程控制的全自动网板清洁装置，具有干式、湿式、真空三种方式组合的清洗方式，彻底清除网板孔中的残留锡膏，保证印刷品质。

（7）可调印刷工作台。

组成：包括 $Z$ 轴升降装置（升降底座、升降丝杠、伺服电机、升降导轨、阻尼减振器等）、平台移动装置（丝杆、导轨及分别控制 $X$、$Y$、$\theta$ 方向移动的伺服电机等）、印刷工作台面，磁性顶针、真空吸盘等。

功能：通过机器视觉，工作台自动调节 $X$、$Y$ 及 $\theta$ 方向位置偏差，精确实现印刷模板与 PCB 板的对准。

（8）操作系统控制。

采用 Windows 2000 操作系统，智能化的先进软件控制，极大地方便了用户的使用。

## 2．工作原理

由以上各部分组成的全自动视觉印刷机在印刷焊膏时，锡膏受刮刀的推力产生滚动的前进，所受到的推力可分解为水平方向的分力和垂直方向的分力。当运行至模板窗口附近，垂直方向的分力使黏度已降低的焊膏顺利地通过窗口印刷到 PCB 焊盘上，当模板抬起后便留下精确的焊膏图形。

# 习　题

## 一、填空题

1．网板的开口方法有_____、_____和_____三种方法

2．焊锡膏，主要由_____和具有助焊功能的糊状_____（松香、稀释剂、稳定剂等）混合而成的一种浆料。就重量而言，_____是金属合金；就体积而言，_____金属，_____助焊剂。

3．助焊剂主要由_____、_____、树脂、溶剂等成分组成，按照活性可分为：RSA（强活性）、RA（活性）、RMA（中等活性）、R 非活性）。

4．影响锡膏印刷质量的主要因素包括_____、_____、印刷工艺参数、_____和环境温度、湿度、以及环境卫生。

二、简答题

1．常见印刷缺陷有哪些？如何解决？

2．简述锡膏的分类。

3．锡膏的化学组成有哪些？

4．简述全自动印刷机的组成。

## 第 4 章

# 贴　片

## 4.1　基本原理

采用人工方式或自动化设备将元器件准确贴放至印刷后的 PCB 表面相应位置的过程称为贴片。具体要求是：在不损坏元件和 PCB 的前提下，稳定拾取正确的元器件并快速地把所拾取元器件准确放置在指定位置上。

贴片的基本工作过程如图 4-1 所示。

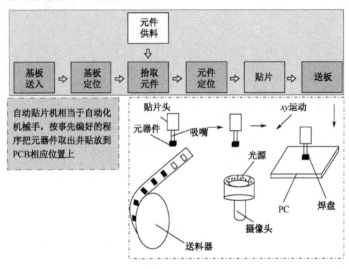

图 4-1　贴片的基本工作过程

## 4.2　贴片工艺要求

贴片是指采用手工方式或贴片机将片式元器件准确地贴放到印好焊膏或贴片胶的 PCB 表面相对应的位置上。

### 4.2.1　贴装元器件的工艺要求

（1）各装配位号元器件的类型、型号、标称值和极性等特征标记要符合产品的装配图和明细表要求。

（2）贴装好的元器件要完好无损。

（3）贴装元器件焊端或引脚不小于 1/2 厚度要浸入焊膏。对于一般元器件，贴片时的焊膏挤出量（长度）应小于 0.2mm；对于窄间距元器件，贴片时的焊膏挤出量（长度）应小于 0.1mm。

（4）元器件的端头或引脚均和焊盘图形对齐、居中。由于再流焊时有自定位效应，因此元器件贴装位置允许有一定的偏差。允许偏差范围要求如下。

① 矩形元件：在 PCB 焊盘设计正确的条件下，元件的宽度方向焊端宽度 3/4 以上在焊盘上，在元件的长度方向元件的焊端与焊盘交叠后，焊盘伸出部分要大于焊端高度的 1/3；有旋转偏差时，元件焊端宽度的 3/4 以上必须在焊盘上。贴装时要特别注意，元件焊端必须接触焊膏图形。

② 小外形晶体管（SOT）：允许 $X$、$Y$、$T$（旋转角度）有偏差，但引脚（含趾部和跟部）必须全部处于焊盘上。

③ 小外形集成电路（SOIC）：允许 $X$、$Y$、$T$（旋转角度）有贴装偏差，但必须保证器件引脚宽度的 3/4（含趾部和跟部）处于焊盘上。

④ 四边扁平封装器件和超小型封装器件（QFP）：要保证引脚宽度 3/4 处于焊盘上，允许 $X$、$Y$、$T$（旋转角度）有较小的贴装偏差。允许引脚的趾部少量伸出焊盘，但必须有 3/4 引脚长度在焊盘上、引脚的跟部也必须在焊盘上。

### 4.2.2 保证贴装质量的三要素

#### 1. 元件正确

要求各装配位号元器件的类型、型号、标称值和极性等特征标记要符合产品的装配图和明细表要求，不能贴错位置。

#### 2. 位置准确

（1）元器件的端头或引脚均和焊盘图形要尽量对齐、居中，还要确保元件焊端接触焊膏图形。

（2）元器件贴装位置要满足工艺要求。两个端头的 Chip 元件自定位效应的作用比较大，贴装时元件宽度方向有 1/2～3/4 以上搭接在焊盘上，长度方向两个端头只要搭接到相应的焊盘上并接触焊膏图形（图 4-2），再流焊时就能够自定位，但如果其中一个端头没有搭接到焊盘上或没有接触焊膏图形，再流焊时就会产生移位或吊桥。

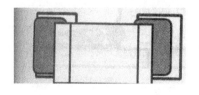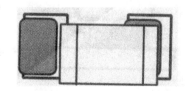

（a）正确　　　　　　　　　　　　　　　　　（b）不正确

图 4-2　元件贴装位置

（3）对于 SOP、SOJ、QFP、PLCC 等器件的自定位作用比较小，贴装偏移是不能通过再流焊纠正的。如果贴装位置超出允许偏差范围，必须进行人工拨正后再进入再流焊炉焊接。否则再流焊后必须返修，会造成工时、材料浪费，甚至会影响产品可靠性。生产过程中发现贴装位置超出允许偏差范围时应及时修正贴装坐标。

（4）手工贴装或手工拨正时要求贴装位置准确，引脚与焊盘对齐，居中，切勿贴放不准。在焊膏上拖动找正，以免焊膏图形粘连，造成桥接。

### 3. 压力（贴片高度）合适

贴片压力（$Z$ 轴高度）要恰当合适，如图 4-3 所示。贴片压力过小，元器件焊端或引脚浮在焊膏表面，焊膏粘不住元器件，在传递和再流焊时容易产生位置移动，另外由于 $Z$ 轴高度过高，贴片时元件从高处扔下，会造成贴片位置偏移；贴片压力过大，焊膏挤出量过多，容易造成焊膏粘连，再流焊时容易产生桥接，同时也会由于滑动造成贴片位置偏移，严重时还会损坏元器件。

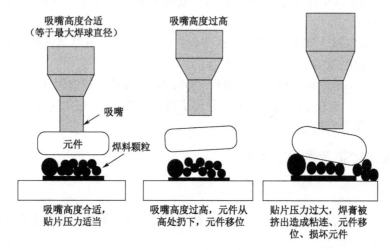

图 4-3　贴片压力要求

# 4.3　贴片工艺流程

### 4.3.1　全自动贴片机的贴片工艺流程

全自动贴片机的贴片工艺流程如图 4-4 所示。

### 4.3.2　贴片机编程

贴片机是计算机控制的自动化生产设备。贴片之前必须编制贴片程序。

### 1. 贴片程序的组成

贴片程序由拾片程序和贴片程序两部分组成。

（1）拾片程序用于告诉机器到哪里去拾片、拾什么样的元件、元件的包装是什么样的等拾片信息。其内容包括每一步的元件名、每一步拾片的 $X$、$Y$ 和转角 $T$ 的偏移量、供料器的类型、拾片高度、抛料位置、是否跳步等。

（2）贴片程序用于告诉机器把元件贴到哪里、贴片的角度、贴片的高度等信息。其内容包括每一步的元件名、说明、每一步的 $X$、$Y$ 坐标和转角 $T$、贴片的高度是否需要修正、用第几号贴片头贴片、是否同时贴片、是否跳步等，贴片程序中还包括 PCB 和局部 Mark 的 $X$、$Y$ 坐标信息等。

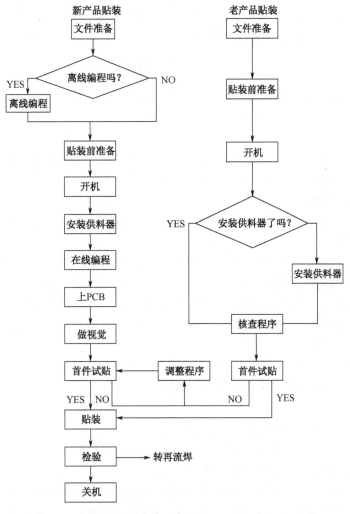

图 4-4　全自动贴片机的贴片工艺流程

### 2．编程的方法

编程方法分为离线编程和在线编程两种。对于有 CAD 坐标文件的产品可采用离线编程，对于没有 CAD 坐标文件的产品，可采用在线编程。

（1）离线编程。离线编程是指利用离线编程软件和 PCB 的 CAD 设计文件在计算机上进行编制程序的工作。离线编程可以节省在线编程时间，从而可以减少贴装机的停机时间，提高设备的利用率，离线编程对多品种小批量生产特别有意义。

离线编程软件一般由两部分组成：CAD 转换软件和自动编程并优化软件。离线编程的步骤如图 4-5 所示。

① PCB 程序数据编辑。PCB 程序数据编辑有 3 种方法：CAD 转换；利用贴装机自学编程产生的坐标文件；利用扫描仪产生元件的坐标数据。其中 CAD 转换最简便，也最准确。

② 自动编程优化并编辑。具体的操作步骤为：打开程序文件，输入 PCB 数据，建立元件库，自动编程优化并编辑。

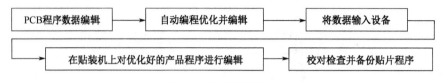

图 4-5　离线编程步骤

a. 打开程序文件。按照自动编程优化软件的操作方法，打开已完成 CAD 数据转换的 PCB 坐标文件。

b. 输入 PCB 数据。

输入 PCB 尺寸：长度 $X$（沿贴装机的 $X$ 方向）、宽度 $Y$（沿贴装机的 $Y$ 方向）、厚度 $T$。

输入 PCB 源点坐标：一般 $X$、$Y$ 的源点都为 0。当 PCB 有工艺边或贴装机对源点有规定等情况时，应输入源点坐标。

输入拼板信息：分别输入 $X$ 和 $Y$ 方向的拼板数量、相邻拼板之间的距离；无拼板时，$X$ 和 $Y$ 方向的拼板数量均为 1，相邻拼板之间的距离为 0。

c. 建立元件库。对凡是元件库中没有的新元件逐个建立元件库。输入料架类型、供料器类型、元器件供料的角度、采用几号吸嘴等参数，并在元件库中保存。

d. 自动编程优化并编辑。完成了以上工作后即可按照自动编程优化软件的操作方法进行自动编程优化，然后还要对程序中某些不合理处进行适当的编辑。

③ 将数据输入设备。

首先将优化好的程序复制到软盘；再将软盘上的程序输入到贴装机。

④ 在贴片机上对优化好的产品程序进行编辑。

a. 调出优化好的程序。

b. 做 PCB Mark 和局部 Mark 的 image 图像。

c. 对没有做图像的元器件做图像，并在图像库中登记。

d. 对未登记过的元器件在元件库中进行登记。

e. 对排放不合理的多管式振动供料器根据器件体的长度进行重新分配，尽量把器件体长度比较接近的器件安排在同一个料架上。并将料站排放得紧凑一点，中间尽量不要有空闲的料站，这样可缩短拾元件的路程。

f. 把程序中外形尺寸较大的多引脚窄间距器件例如 160 条引脚以上的 QFP，大尺寸的 PLCC、BGA 以及长插座等改为 Single Pickup 单个拾片方式，这样可提高贴装精度。

g. 存盘检查是否有错误信息，根据错误信息修改程序，直至存盘后没有错误信息为止。

⑤ 校对检查并备份贴片程序。

a. 按工艺文件中元器件明细表，校对程序中每一步的元件名称、位号、型号规格是否正确。对不正确处按工艺文件进行修正。

b. 检查贴装机每个供料器站上的元器件与拾片程序表是否一致。

c. 在贴装机上用主摄像头校对每一步元器件的 $X$、$Y$ 坐标是否与 PCB 上的元件中心一致，对照工艺文件中元件位置示意图检查转角 $T$ 是否正确，对不正确处进行修正（如果不执行本步骤，可在首件贴装后按照实际贴装偏差进行修正）。

d．将完全正确的产品程序复制到备份软盘中保存。

e．校对检查完全正确后才能进行生产。

（2）在线编程。对于已经完成离线编程的产品，可直接调出产品程序，对于没有 CAD 坐标文件的产品，可采用在线编程。

在线编程是在贴装机上人工输入拾片和贴片程序的过程。拾片程序完全由人工编制并输入，贴片程序是通过教学摄像机对 PCB 上每个贴片元器件贴装位置的精确摄像，自动计算元器件中心坐标（贴装位置），并记录到贴片程序表中，然后通过人工优化而成。

① 编制拾片程序。

a．拾片程序编制内容。在拾片程序表中对每一种贴装元器件输入以下内容：元件名，如 2125R 1K；输入 $X$、$Y$、$Z$ 拾片坐标修正值；输入拾片（供料器料站号）位置；输入供料器的规格；输入元件的包装形式（如散件、编带、管装、托盘）；输入有效性（若有某种料暂不贴时，选择"Not Available"）；输入报警数（如输入"50"，当所用元件数减少为 50 时，就会有报警信息）。

b．拾片程序编制方法。调出空白程序表，由人工编制并逐项输入以上内容。

② 编制贴片程序。

a．贴片程序编制内容：

● 输入 PCB 基准标志（Maker）和局部（某个元器件）基准标志（Mark）的名字、Mark 的 $X$、$Y$ 坐标、使用的摄像机号、在任务栏中输入"Fiducial（基准校正）"；

● 输入每一个贴装元器件的名称（如 2125R lK）；

● 输入元器件位号（如 R1）；

● 输入器件的型号、规格（如 74HC74）；

● 输入每一个贴装元器件的中心坐标 $X$、$Y$ 和转角 $T$；

● 输入选用的贴片头号；

● 选择"Fiducial"的类型（采用 PCB 基准或局部基准）；

● 采用几个头同时拾片或单个头拾片方式；

● 输入是否需要跳步（若程序中某个位号不贴，可在此输入跳步，在贴片过程中，贴装机将自动跳过此步）。

b．Mark 点和元器件贴片坐标输入方法。Mark 和 Chip 元件坐标的输入方法可用一点法或两点法，SOIC、QFP 等器件的中心坐标输入方法可用两点法或四点法，如图 4-6 所示。

一点法操作方法：将光标移到 $X$ 或 $Y$ 的空白格内，右击弹出"Teaching"对话框和一图像显示窗口，用方向箭移动摄像机镜头至 Mark（或 Chip）焊盘图形处，用十字光标对正 Mark（或 Chip）焊盘中心位置，按输入键，中心坐标将自动写入 $X$、$Y$ 坐标栏内。一点法操作简单快捷，但精确度不够高，可用于一般 Chip 元件。

二点法操作方法：用方向箭移动摄像机镜头移至 Mark（或 Chip）焊盘图形处，选择两点法，用十字光标找到 Mark（或 Chip）焊盘图形的一个角，单击"1st"，再找到与之相对应的第二个角击"2st"，此时机器会计算出 Mark（或 Chip）焊盘图形的中心，并将中心坐标值自动写入 $X$、$Y$ 坐标栏内。二点法输入速度略慢一些，但精确度高。

四点法操作方法：用方向箭移动摄像机镜头移至 SOIC 或 QFP 焊盘图形处，选择四点法，先照器件的一个对角，找正第一个角单击"1st"，再找正与之相对应的第二个角单击"2st"，然后照另一个对角，找正第三个角单击"3st"，再找正与之相对应的第四个角单击"4st"，此时机器会计算出 SOIC 或 QFP 焊盘图形的中心，并将坐标值自动写入 *X*、*Y* 坐标栏内。

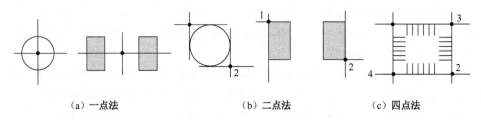

（a）一点法　　　　　　　　（b）二点法　　　　　　　　（c）四点法

图 4-6　Mark 和 Chip 元件坐标的输入方法

③ 人工优化原则：

a．换吸嘴的次数最少；

b．拾片、贴片路程最短；

c．多头贴装机还应考虑每次同时拾片数量最多。

④ 在线编程注意事项：

a．输入数据时应经常存盘，以免停电或误操作而丢失数据；

b．输入元器件坐标时可根据 PCB 元器件位置顺序进行；

c．所输入元器件名称、位号、型号等必须与元件明细和装配图相符；

d．拾片与贴片以及各种库的元件名要统一；

e．编程过程中，应在同一块 PCB 上连续完成坐标的输入，重新上 PCB 或更换新 PCB 都有可能造成贴片坐标的误差。

f．凡是程序中涉及的元器件，必须在元件库、包装库、供料器库、托盘库、托盘料架库、图像库建立并登记，各种元器件所需要的吸嘴型号也必须在吸嘴库中登记。

## 4.4　贴片机的类型

贴片机按功能分为以贴片元件为主体的高速/超高速贴片机和以大型元件和异型元件为主的多功能机，按贴装方式分为顺序式、同时式（仅适用于圆柱元件）和同时在线式；按结构大致可分为动臂式、转塔式、复合式和大型平行系统。不同类型的贴片机各有优劣，通常取决于应用或工艺对系统的要求，在其速度和精度之间也存在一定的平衡。

### 4.4.1　动臂式贴片机

动臂式贴片机的贴片头系统结构如图 4-7 和图 4-8 所示，具有较好的灵活性、精度和低速特性，适用于大部分元件，尤其是 QFP、BGA 等，支持多种不同类型的供料器，如带式、盘式、散装式和管式等。大多数厂商均推出这一系列高精度的中速贴片机，品牌主要有安必昂 ACM 系列、日立 TIM-X 系列、富士 QP-341E 和 XP 系列、松下 BM221 系列、环球 GSM 系列、三星 CP60 系列、雅马哈 YV 系列、Juki 公司 KE 系列、Mirae 公司 MPS 系列。动臂式贴片机分为单臂式和多臂式，单臂式是最早先发展起来的现在仍然使用的多功能贴片机。在单臂式基础上发展起来的多臂式贴片机可将工作效率成倍提高，如雅马哈 YV112、环球 GSM2 和三星 SM310 贴片机，含有两个动臂贴装头，可同时对两块电路板进行安装。

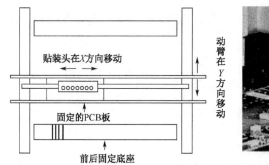

图 4-7　动臂式贴片机结构

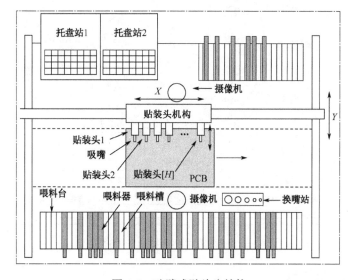

图 4-8　动臂式贴片头结构

## 4.4.2　转塔式贴片机

转塔式贴片机的贴片头结构如图 4-9 所示，由于拾取元件和贴片动作同时进行，使得贴片速度大幅度提高，这种结构的高速贴片机在我国的应用最为普遍，不但速度较高，而且性能非常稳定，但是这种机器由于机械结构所限，其贴装速度已达到一个极限值，不可能再大幅度提高，而且占用空间太大，噪声大。转塔式只能贴装带式包装或散料包装的元件，而管料和盘料就无法进行贴装，多应用于阻容元件多、装配密度大场合，像计算机板卡、移动电话、家电等产品。主要生产商有松下、日立和富士，如松下 MSH3 贴装速度为 0.075 秒/片，富士 CP842E 贴装速度为 0.068 秒/片。

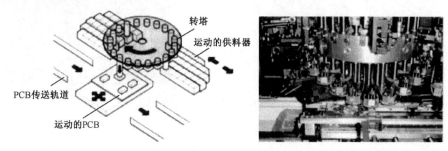

图 4-9　转塔式贴片头结构

转塔式贴片机应优化各贴片头运行、等待、元件检查等动作时间，充分发挥多头贴装效率，其工作过程如图 4-10 所示。

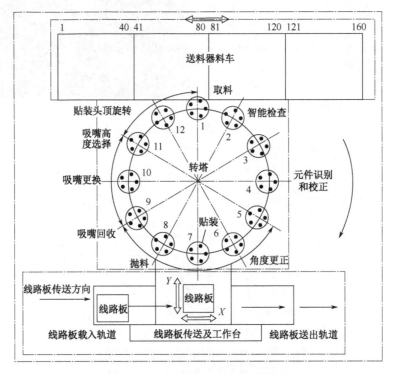

图 4-10　转塔式贴片机的工作过程

### 4.4.3　复合式贴片机

复合式贴片机是从动臂式发展而来的，如图 4-11 和图 4-12 所示，它集合了转塔式和动臂式特点，在动臂上安装有转盘，并可通过增加动臂数量来提高速度，具有较大灵活性，因此它的发展前景被看好。如环球公司的 Genesis，有两个带有 30 个吸嘴的旋转头，贴片速度每小时达 6 万片；西门子公司的 HS50 和 HS60，有 4 个旋转头，贴装速度每小时可达 5 万片。

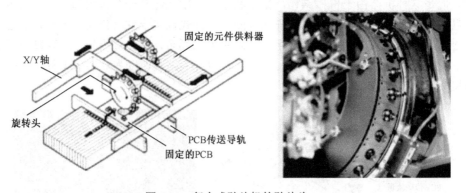

图 4-11　复合式贴片机的贴片头

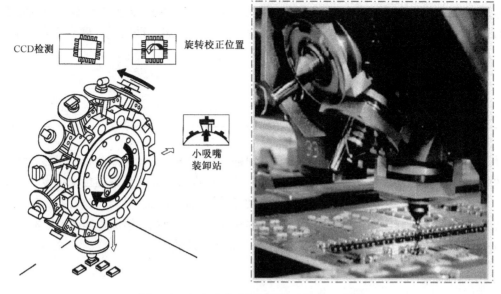

CCD检测　　旋转校正位置

小吸嘴
装卸站

图 4-12　复合式贴片机的贴片头工作示意图

### 4.4.4　大型平行系统

大型平行系统由一系列的小型单独的贴装单元组成，每个单元自成体系，各自有丝杠定位系统机械手，机械手带有摄像机和贴装头，如图 4-13 所示。各贴装头同时从几个带式供料器拾取元件，为多块电路板的多块分区进行安装。对单个头来说，贴装速度不高（0.6 秒/片），贴装头运动惯性小，贴装精度能得以保证。但由于多个贴装头同时工作，大大提高效率。主要生产商有安必昂 FCM，可安装 16 个贴装头，实现了 0.0375 秒/片的贴装速度，但就每个贴装头而言，贴装速度在 0.6 秒/片左右；富士 QP-132 型超高速机，整机速度高达 13.3 万片/h。

贴片机按速度可分为超高速贴片机、高速贴片机和中速贴片机。超高速贴片机速度大于4 万片/h，比如安必昂 FCM 和 FUJI-QP-132 贴片机，它们均由 16 个贴片单元组合而成，贴片速度分别为 9.6 万片/h 和 12.7 万片/h。高速贴片机速度为 9000～40000 片/h，主要厂商有松下、西门子、富士、环球、安必昂、日立和三洋，其中松下、西门子和富士贴片机的市场占有量最高，号称"三驾马车"。中速贴片机速度为 3000～9000 片/h，厂商有 Juki、雅马哈、三星、Mirae和 Mydata。

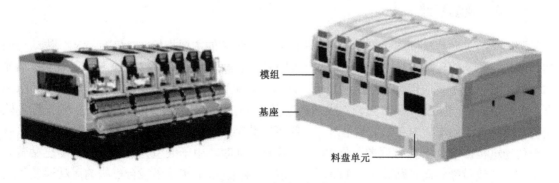

模组

基座

料盘单元

图 4-13　大型平行系统

值得注意的是，复合式和转塔式速度一般为 2 万～5 万片/h，大型平行系统一般为 5 万～10 万片/h，它们属于高速贴装系统，常用于小型片状元件贴装。动臂式速度一般为 5 千～2 万片/h，适合 QFP、BGA 等元件贴装。

# 4.5　贴片机的结构

目前贴片机种类很多，但无论是全自动高速贴片机还是手动低速贴片机，它的总体结构均有类似之处。全自动贴片机是由计算机控制的，集光机电气一体的高精度自动化设备，主要由机架、PCB 传送及承载机构、驱动系统（$X/Y$ 轴运动机构，$Z/\theta$ 轴运动旋转机构）、定位及对中系统、贴装头、供料器、光学识别系统、传感器和计算机控制系统组成，其通过吸取—位移—定位—放置等功能，实现了将 SMD 元件快速而准确地贴装。

## 4.5.1　机架

机架是机器的基础，所有的传动、定位机构、供料器均牢固固定在它上面，因此必须具有足够的机械强度和刚性。目前贴片机有各种形式的机架，主要包括整体铸造式和钢板烧焊式。第一种整体性强，刚性好，变形微小，工作时稳定，一般应用于高档机；第二种具有加工简单，成本较低的特点。机器具体采用哪种结构的机架取决于机器的整体设计和承重，运行过程中应平稳、轻松、无震动感。

## 4.5.2　PCB 传送及承载机构

传送机构是安放在导轨上的超薄型皮带传送系统，通常皮带安装在轨道边缘，其作用是将 PCB 送到预定位置，贴片后再将其送至下一道工序。传送机构主要分为整体式和分段式两种，整体式方式下 PCB 的进入、贴片和送出始终在同一导轨上，采用限位块限位、定位销上行定位、压紧机构将 PCB 压紧、支撑台板上支撑杆上移支撑来完成 PCB 的定位固定。定位销定位精度较低，需要高精度时也可采用光学系统，只是定位时间较长。分段式一般分为三段，前一段负责从上道工艺接收 PCB，中间一段负责 PCB 定位压紧，后一段负责将 PCB 送至下一道工序，其优点是减少 PCB 传送时间。

## 4.5.3　驱动系统

驱动系统是贴片机的关键机构，也是评估贴片机精度的主要指标，它包括 XYZ 传动结构和伺服系统，功能包括支撑贴装头运动和支撑 PCB 承载平台运动，第一种主要应用于多功能贴片机，第二种主要应用于转塔式贴片机。还有一种贴片机为贴装头安装在 X 导轨上，PCB 承载台安装在 Y 导轨上，两者配合完成贴片过程，特点是 XY 导轨均与机座固定，属于静导轨结构。当所有运动都集中在贴装头上时，一般可以获得最高的贴装精度，因为这种情况下只有两个传动机构影响 $X$-$Y$ 定位误差。当 PCB 承载台运动时，由于大型元件的惯性会使已贴装元件移位，导致故障。而当贴装头和 PCB 都运动时，贴装头和 PCB 承载台机构的运动误差相重叠，导致总误差增加，贴装精度下降。

## 1．传动结构

*XY* 传动机构主要有两大类，一类是滚珠丝杠/直线导轨，另一类是同步带/直线导轨。滚珠丝杠/直线导轨结构较为典型，贴片头固定在滚珠螺母基座和对应的直线导轨上方基座上，马达工作时带动螺母做 *X* 方向往复运动，有导向直线导轨支撑保证运动平行。*X* 轴在两平行滚珠丝杠/直线导轨上做 *Y* 方向移动，从而实现 *XY* 方向正交平行移动。

由于运动马达和和滚珠丝杠之间摩擦产生热量，很容易影响贴装精度。新型传动系统在导轨内部设有液氮冷却系统，保证热膨胀带来的误差。新型高速贴片机中采用无摩擦线性马达和空气轴承导轨传动，运送速度更快。

同步带/直线导轨结构中，同步带由传动马达驱动小齿轮，使同步带在一定范围内做直线往复运动。由于同步带载荷能力相对较小，仅适用于支持贴片头运动，典型产品是德国西门子贴片机，如 HS-50 型贴片机，该系统运动噪声低，工作环境好。

## 2．伺服系统（定位系统）

随着 SMC/SMD 尺寸的减少及精度的不断提高，对贴片机贴装精度要求越来越高，即对 XY 定位系统的要求越来越高，而这是由 XY 伺服系统来保证的，即上述滚珠丝杠/直线导轨及同步带/直线导轨由伺服电机驱动，并在位移传感器及控制系统指挥下实现精确定位，因此位移传感器的精度起着关键作用。目前传感器有旋转编码器、磁栅尺和光栅尺。编码器是一种通过直接编码将被测线形位移量的编码器转化为二进制表达方式的数字测量装置。编码器有接触式、电磁式和光电式，结构简单，抗干扰性强，测量精度取决于编码器中光栅盘上的光栅数及滚珠丝杠导轨的精度，一般为 1%～5%，主要应用于多功能型贴片机中。

磁栅尺是一种利用电磁特性和录磁原理对位移进行测量的装置，由电磁性标尺、拾磁头及检测电路组成。磁栅尺优点为复制简单，安装调整方便，高稳定性，量程范围大，测量精度 1～5μm。一般高精度自动贴片机采用此装置，贴装精度一般为 20mm。

光栅尺是一种新型数字式位移检测装置，由光栅标尺、光栅读数头、检测电路组成。光栅尺是在透明玻璃或金属镜面上真空沉积镀膜，利用光刻技术制作密集条纹（100～300 条纹/mm），条纹平行且距离相等。光栅读数头由指使光栅、光源、透镜及光敏元件组成。指示光栅有相同密度条纹，光栅尺是根据物理学的莫尔条纹形成原理进行位移测量，测量精度高达 0.1～1μm。西门子贴片机最早采用光栅尺/AC 伺服电机系统，但对环境要求比较高，特别是防尘，否则很容易出现故障。

## 3．Y 轴方向运行的同步性

由于支撑贴装头的 *X* 轴是安装在两根 *Y* 轴导轨上，为了保证运行的同步性，早期贴片机采用齿轮、齿条和过桥装置将两 Y 导轨相连接。但这种做法机械噪声大，运行速度受到限制，贴片头的停止与启动均会产生应力，导致振动会影响贴装精度。目前设计的新型贴片机采用 XY 完全同步控制回路的双 AC 伺服电机驱动系统，将内部振动降至最低，速度快，噪声小，贴片头运行流畅轻松。

## 4．XY 运动系统的速度控制

在高速机中，XY 运动系统的运行速度高达 150mm/s，瞬时启动与停止都会产生振动和冲击，最新运动系统采用模糊控制技术，运动分为三段控制"慢—快—慢"，呈"S"形变化，从而使运动变得更"柔和"，也有利于贴装精度的提高，噪声也小。

### 5．Z轴/吸嘴伺服系统（定位系统）

Z轴控制系统特指贴片头的吸嘴运动过程中定位,其目的是适合不同厚度PCB与不同高度元件的贴片需要。Z轴控制系统主要有旋转编码器（AC/DC马达伺服系统）和圆筒凸轮控制系统。值得注意的是,凸轮控制系统中依靠特殊设计的凸轮曲线实现吸嘴上下运动,贴片时PCB装载台高度调节完成贴片过程。贴装头拾放动作中,吸嘴做Z向移动时,既要速度快,又要平稳。早期吸嘴Z向移动是选用微型汽缸完成,汽缸易磨损、寿命短、噪声大。目前不少新机型都选用了新颖的机电一体化传动杆,使Z向运动状态都可以控制,大大提高Z方向运动综合性能。贴装头的微型气动电磁阀是一个重要组件,它管理着移动和拾放等功能。随着贴片机的发展,集成电磁阀组也有了相当大的发展,有些单个电磁阀厚度仅为10～18mm,而且电磁阀驱动功率小,一般电路的驱动电平都可直接驱动。

### 6．Z轴/吸嘴旋转系统（定位系统）

吸嘴吸取元件移动定位时,大部分元件都需作一定量的旋转运动,一是修正板上元件的安装轴线和元件在移动过程中轴线的角度,二是解决供料器上元件与PCB板元件焊盘轴线的角度差。早期贴片机Z轴旋转控制是采用汽缸和挡块来实现,或采用开环步进电机控制通过小型同步皮带进行回转操作。现在贴片机已直接将微型脉冲马达安装在贴装头内部,通过高精度的谐波驱动器（减速比30∶1）直接驱动吸嘴装置,以实现θ方向高精度控制。

### 7．精度的影响因素

一般贴装精度为引线间距的1/10,即贴装0.65mm引线间距元件的系统应具有±0.065mm的定位精度。要精确贴装元件,一般要考虑几个因素：PCB定位误差,元件定心误差和机器本身运动误差等,如图4-14所示。

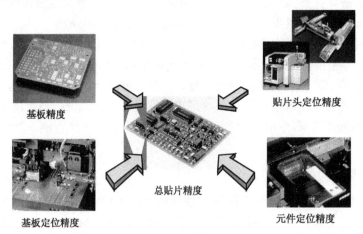

基板精度

贴片头定位精度

总贴片精度

基板定位精度

元件定位精度

图4-14　贴片精度的影响因素

驱动X-Y二维运动构件的参数是贴片机精度的关键,X-Y二维运动都是在X/Y轴的导轨上进行。驱动有伺服电机和步进电机等,副传动有同步带或滚珠丝杆,它们都有很好的动态特性和位置精度,承载运动件导轨是运动导向精度的关键零件。目前使用最广的是精刻滚珠直线导轨,此导轨摩擦系数小、精度高、寿命长,安装维护方便,便于标准化生产。常用直线导轨的断面形状也有多种,在结构形式上也有大跨距双丝杆横梁结构、单悬肩双导轨式等。有些高速机采用无摩擦线形马达驱动和空气轴承导轨传动。导轨安装时要保证两导轨在空间平行,并保持水平工作面，导轨应直线性好，并不应有扭弯等几何变形，滚珠丝杆与伺服电机联结处，有一高精度高性能的弹性联轴器有效地消除安装过程中产生的不同轴不同心等现象。根据贴装精度要求不同，驱动系统可采用开环或闭环两种不同的控制方式。根据要求和精度进行配置设计之后就需要有一组合理的结构装置和相应的传动元件。

### 4.5.4　贴装头

贴装头是贴片机关键部件，如图 4-15 所示，安装在 PCB 上方，可配置一个或多个机械夹具或真空吸嘴，通过安装多种形式的传感器使各机构能够协同工作。贴装头拾取元件后能在校正系统的控制下自动校正位置，并将元件准确地贴装到指定位置，和供料器一起决定着贴装能力。贴装头是贴片机发展进步的标志，已由早期的单头机械对中发展到多头的光学对中。

贴装头拾取元件一般是采用真空负压吸嘴来吸住元件，依据达到一定真空度来判断拾起元件是否正常，当元件侧立或"卡带"未能被吸起时将发出报警。贴装头贴装元件有两种方式，一种是根据元件高度实现输入厚度值，当贴装头下降到此位置后释放元件，这种有时会因为元件厚度偏差出现贴装过早或过迟现象，从而引起移位或"飞片"缺陷；另一种是根据元件与 PCB 接触的瞬间产生的反作用力来实现贴装的软着落，贴片不易出现移位与飞片缺陷。贴片机配有自动更换吸嘴装置以适应不同元件的贴装，吸嘴与吸管之间有一弹性补偿的缓冲机构，保证在拾取过程对元件的保护，提高元件的贴装率。随着元件的微型化，吸嘴材料和机构也得到重视。由于高速下元件磨损，吸嘴材料由早期的合金材料改为碳纤维耐磨塑料，更先进的吸嘴则采用陶瓷材料及金刚石，使吸嘴更耐用。吸嘴孔的大小由元件的外形决定，每一台贴片机都有一套实用性很强的吸嘴。为了保证小元件吸起的可靠性，吸嘴开孔为双孔以保证吸取平衡。此外考虑与周围元件的间隙在减小，吸嘴制作为锥形而不影响周边元件。

贴装头是一个高速运动的组件，要提高精度就必须减小它的重量和体积。设计贴装头之前要多研究分析各种贴装的特点，还要充分有集机电一体化技术发展的各种元件性能、结构、材料等，如传感器、微电机、激光器、真空发生器、视觉识别系统、微型电磁阀、微型珠滚丝杆等。

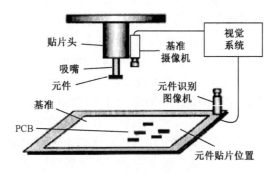

图 4-15　贴装头系统组成

### 4.5.5　光学定位对中系统

贴片机对中是指贴片机在吸取元件时要保证吸嘴吸在元件中心，使元件的中心与贴装头主轴中心线保持一致。早期贴片机的元件对中是采用机械方法来实现的（定心台、定心爪），速度受到限制，同时也容易受到损坏，目前对中方式主要为光学定位对中。

### 1．光学系统的原理

贴片机光学系统主要采用摄像机作为计算机感觉图像的传感部件。摄像机感觉到在给定视野内的物体的光强分布，然后将其转化为模拟电信号，通过 A/D 转换器被数字化成离散数值，这些数值表示视野内给定点的平均强度，这样得到的数字影像被规则的空间网格覆盖，每个网格称为一个像元，一个图像占据一定的像元数，如图 4-16 所示。计算机对上述像元阵列进行处理，所得图像特征与事先输入计算机的参考图像进行比较判断，并根据其结果向执行机构发出指令。

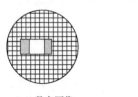
（a）数字图像

（b）视频图像

图 4-16　图像数字化处理

### 2．光学系统的构成

贴片机光学系统由视觉硬件和软件组成。硬件基本组成包括光源、镜头、摄像机、图像处理单元、数/模转换及监视器。光源一般采用 LED 光源，光照稳定、寿命长、体积小、形状可塑性好。镜头一般使用长焦距镜头和变焦距镜头，选择镜头时要考虑分辨率、相对孔径（与物体亮度有关）、焦距等相关参数。摄像机有标准光导摄像机、固态电视摄像机。用于贴片机的一般采用固态电视摄像机，其主要部分是一块集成电路，集成电路芯片上有许多细小精密光敏元件组成的 CCD 阵列。摄像机获取大量信息由微处理机处理，其结果由监视器显示。摄像机与微处理机、微处理机与执行机构及监视器之间由通信电缆连接，一般采用 RS-232 串行通信接口。

### 3．光学系统分辨率及精度

（1）光学系统分辨率。光学系统中采用两种分辨率：灰度分辨率和空间分辨率。灰度值法是用图像多级亮度来表示分辨率的大小。机器能分辨给定点的测量光强度，需要处理的光强越小，灰度分辨率就越高。但是光学系统的分辨率能力有限，灰度值超过 256 的系统就失去意义（人眼处理灰度值仅为 50～60）。灰度值越大，数字化图像与人观察的视图越接近。目前不少光学系统采用 256 级灰度值，具有很强的区别目标特征的能力，但是处理的信息量大，时间长。空间分辨率规定覆盖原始影像的栅网大小，栅网越细，即网点和像元数越高，尺寸测量就越精确。具有 512×512 网格的系统比具有 128×128 网格系统测量精度高。

通常在分辨率高的场合下 CCD 能见的视野小，大视野条件下分辨率低，故在高速高精度贴片机中装有两种不同视野的 CCD，在处理高分辨率的情况下采用小视野 CCD，在处理大元件时则使用大视野 CCD。在一个光学测量系统中，灰度值分辨率和空间分辨率要相匹配，因为整个系统的分辨率是视野尺寸和该系统不同单元分辨率的函数。

每个光敏探测元件输出的电信号与被观察目标上相应位置反射光强度成正比，这一电信号即作为这一像元的灰度值被记录下来，像元坐标决定了该点在图像中的位置。

（2）光学系统精度。影响光学系统精度的主要因素是摄像机的像元数和光学放大倍数：摄像机的像元数越多，精度就越高；图像的放大倍数越高，精度就越高。因为图像的光学放大倍数越大，对于给定面积的像元数就越多，所以精度越高。不过放大倍数过大，寻找元件更加困难，容易丢件，降低了贴装率。所以要根据实际需要选择合适的光学放大倍数。

### 4．摄像机安装位置

视像系统一般分为激光对齐、俯视、仰视和头部摄像机，具体视位置和摄像机的类型而定。激光对齐是指从光源产生一适中的光束，照射在元件上来测量元件投射的影响。如图 4-17 所示，这种方法可以测量元件的尺寸、形状以及与吸嘴中心轴的偏差。这种方法快速，因为不要求从摄像机上方走过。但对于有引脚的元件，如 SOIC、QFP 和 BGA 等，则需要第三维的摄像机进行检测，这样每个元件的对中又要增加数秒的时间，影响整机性能。

20 世纪 90 年代激光对位技术推出时只能处理 7mm×7mm 的元件，目前安必昂公司推出的第二代激光对位系统处理元件尺寸增至 18mm×18mm，激光技术可识别更多的形状，精度也有显著提高。

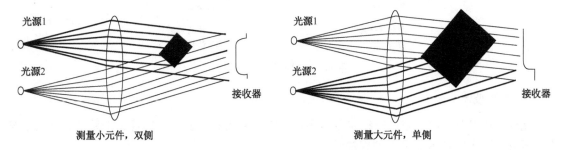

图 4-17　激光对中检测技术

俯视摄像机在电路板上搜寻目标（称为基准点），以便在组装前将电路板置于正确位置。仰视摄像机用于在固定位置检测元件，一般采用 CCD 技术，在安装之前，元件必须移过摄像机上方，以便做视像处理。粗看起来，好像有些耗时。但是由于贴装头必须移至供料器收集元件，如果摄像机安装在拾取位置（从送料处）和安装位置（板上）之间，视像的获取和处理便可在贴装头移动的过程中同时进行，从而缩短贴装时间。

头部摄像机直接安装在贴装头上，一般采用 line-sensor 技术，在拾取元件移到指定位置的过程中完成对元件的检测，这种技术又称为"飞行对中技术"，它可以大幅度提高贴装效率。如图 4-18 所示，系统由两个模块组成：一个模块是由光源与镜头组成的光源模块，光源采用 LED 发光二极管与散射透镜，光源透镜组成光源模块，另一个模块为接收模块，由 Line CCD 及一组光学镜头组成接收模块，这两个模块分别装在贴装头主轴的两边，与主轴及其他组件组成贴装头。贴片机有几个贴装头，就会有相应的几套系统。

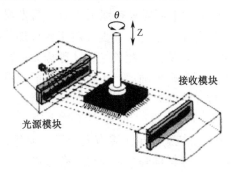

图 4-18　飞行对中技术

三种元件对中方式（激光、CCD、Line-sensor）中，以 CCD 技术为最佳，目前的 CCD 硬件性能都具备相当的水平。在 CCD 硬件开发方面前些时候开发了"背光"及"前光"技术（图 4-19），以及可编程的照明控制，以更好应付各种不同元件贴装需要。例如，引脚 QFP 元件从后面照明，而 BGA 元件最好是从前光照明，将完整的锡球分布在包装底面上显示出来，有些微型 BGA 在元件底面有可见的走线，可能混淆光学系统，这些元件要求侧面照明系统，它将从侧目照明锡球，而不是底面的走线，因此光学系统可检查锡球分布，正确地认识元件。

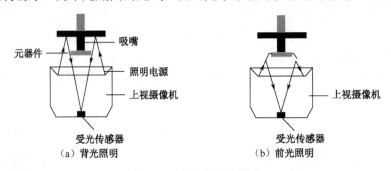

图 4-19　前光和背光技术

### 5．照明技术

元件材料多种多样，表面特征也各有不同，需要采用有效的元件图像识别系统。这些系统的性能取决于照明技术所采用的算法。

（1）外形对中的照相技术。这种方式对于元件进行光学对中时采用平行光，对元件的边缘进行确认，找到元件的中心，算出贴片时需要调整的误差。尽管这个原理对于测量元件较困难的光学特性来说是完全可行的，但对于面阵列元件成像问题有点无能为力。一般对于间距达到一定范围的面阵列封装元件也可以采用外形对中法，比如对于间距大于 0.5mm 的 FC 元件和间距大于 0.75mm 的 BGA/CSP。由于 FC 的芯片切割误差（平均为 25μm）和 BGA/CSP 的基板外形误差可能会对贴装质量造成负面影响。

利用外形对中还可以采用激光侧面照明法，它的原理是从侧面发一小段激光束并转动元件（激光对中）。激光对中装置集成到贴装头上时，就能在运动的过程中进行光学对中，而不会增加时间。与固定安装的仰视摄像机相比，这种方法只对边长大于 30mm 的元件进行测量。

（2）球栅对中的照明技术。BGA/CSP/FC 因为是球形引脚，在照相处理上不同于其他元件，它要对每一个焊球进行检测，焊球位置和焊球亮度都是检测内容。有不合标准的，就作为不合格元件弃用。侧光在对 BGA 进行光学检测时起着重要的作用。为消除 FC 切割误差和BGA/CSP 基板误差的影响，球栅对中可能只有强制使用正面光照系统。这是因为如果获取的图像质量很差，即使使用最好的算法也没意义。因此对于元件摄像机来说，主要目标是使用比例协调的光，从不同角度照亮目标，从而在相关结构（球栅）和背景环境之间获得足够的对比度。至少使用三个不同的光源，每个都要确定一个特定的照射角度，每个光源强度都可进行精细调整，从而实现最大的灵活性。这样通过使用几个可调节器间的光源，每种封装形式都能获得一个独特的"理想"光照（仰视摄像机）。正是由于这个原因，再加上其他的因素，需要处理所有封装形式的高性能 SMD 贴装系统至少要有两个元件摄像机。

（3）BGA/FC 球栅检测。尽管焊料球阵列很坚固，有时也要求元件图像识别系统对封装的焊料球阵列进行检测。采用有效、灵活的照明方法和特定的检测算法，可以对焊料球阵列的完整性（包括损伤和是否存在）进行一定程度检测。

元件图像识别系统的主要工作是对各种不同类型的封装进行准确和快速对中，只有简单地摄取图像才可能实现高速的光学对中（不进行复杂的多重测量）。较大视野会导致分辨率相对较低，影响到精密球栅检测，而且在全部球栅检测和较高的贴切装速度之间存在着矛盾。由于这个原因，对于封装的每个区域，通常只对很少量的球栅（3～5 个）进行检测。

（4）方向性检查。球栅阵列对中的另一个问题是方向性检查，对于面阵列封装，通常也称为第一脚识别。SMD 贴装设备图像识别系统具有这种功能，能有效地防止方向性的错误。对非对称的面阵列进行球栅对中时，方向性检查在贴装过程中自动进行。在 FC 技术中，面阵列通常已经是非对称的。但是对于已经在高产量、全自动 SMT 生产线中大量应用的 BGA/CSP 元件来讲，这个重要的前提条件还不具备。

### 6. 光学系统作用

贴片机光学系统在工作过程中首先是通过俯视摄像机对 PCB 进行定位，然后通过仰视摄像机或贴装头摄像机对元件进行对中检测。贴片机在执行检测功能时，将被检测元件的各项特征与存储的封装元件进行比较，如果通不过检测，则可能元件封装出错，或者料上错，或者元件有缺陷，系统就令贴装头将元件送入废料区。各项检测特征主要有元件是否偏差（封装：包括引脚数、引脚位置、引脚长度、外形大小）、引脚有无弯曲、引脚的共面性及极性检测等。

## 4.5.6 传感器

贴片机中装有多种传感器，主要包括压力传感器（空气压力检测）、负压传感器（元件吸附检测）、位置传感器（PCB 传输定位）、图像传感器（元件辨识）、激光传感器（元件辨识）、区域传感器（贴装头安全区域检测）、元件检查传感器（元件辨识）和贴装头压力传感器（软着陆）。贴片机通过众多传感器与驱动系统协调工作，完成元件准确无误贴装到 PCB 上。

## 4.5.7 计算机控制系统

贴片机系统按照涉及的控制对象从功能上看可分为两大块：运动控制和 I/O 控制。运动控制主要对 X、Y、Z、R4 个运动轴系进行伺服控制，包括速度控制、加速度控制、运动轨迹的控制等；I/O 控制主要是获取传感器的信号并对各种开关量进行控制，如位置传感器信号的采集、气阀的控制、真空度的控制、光源控制以及 CCD 摄像机图像采集触发信号的控制等。

控制系统的组成结构主要由运动控制卡、各种传感器、各种阀和汽缸、伺服电机和编码器等组成。工作过程中数据采集、传输和计算的工作量大、实时性要求高；运动过程速度快、行程短、精度高、启动频繁；I/O 需要控制点多，逻辑关系和信号种类复杂。鉴于这种情况，控制系统在总体上采用两级控制：上位机+下位机。

系统的整个功能一般由 PC 上位机和 PMAC 下位机共同分担完成。因此整个系统软件的设计实际上也可以分为两个部分：上位机软件设计和下位机软件设计。其中上位机软件主要完成人机界面交互、贴装信息数据库管理、系统诊断报警等非实时性工作。而下位机软件则完成运动伺服控制、PIC 循环逻辑检测等实时性工作。而上位机程序和下位机程序之间的连接则是依靠硬件供应商提供的驱动程序（动态链接库）。上位机程序是根据贴片机所需要的工艺要求而开发的用户程序，开发平台常采用当前最通用的 Visual C++。下位机程序一般由运动控制子程序、PLC 子程序和硬件驱动程序组成，它是采用 PMAC 自带的语言编写，直接控制运动执行件。

上位机软件是整个软件系统的顶层，是直接面对操作者的。由于贴片工艺的复杂，造成上位机软件也很复杂。为了软件研发的顺利和结构清晰，将上位机软件分为多个子系统组成，每个子系统完成不同的功能：

（1）项目管理子系统：将每一个 PCB 的贴片作为一个项目存储有关项目的信息并进行管

理，包括项目的新建、删除、复制等。

（2）PCB 管理子系统：对 PCB 的贴装数据进行输入、输出、修改、存储等有效管理。

（3）元件数据库管理子系统：对各种元件的信息建立数据库，并进行调用、查找、排序等操作。

（4）工艺控制子系统：对各种不同的贴片工艺进行配置，调整。以满足不同的贴片工艺要求。

（5）除了这些必备的功能子系统外，为了使用者的方便，还应该建立其他一些辅助子系统，如用户管理子系统、帮助子系统、外部数据接口子系统等。

下位机软件在上位机软件的协调指挥下直接控制硬件的动作，因此可以认为所有在下位机运行的软件对上位机来说都是由硬件来完成的，即所有由下位控制卡上完成的工作对上位机都是透明的，它所有的信息对上位机来说是可以获取的。

下位机软件从结构上可分为运动控制程序和 PLC 程序，其中运动控制程序负责 4 个运动轴系的运动，包括速度控制、加速度控制、位移轨迹控制等。PLC 程序则负责 I/O 点的逻辑关系控制。由于刷新速度非常快，因此运动控制程序和 PLC 程序可以看做是实时并行的。下位机软件从功能上看，又可分为许多子程序，如取料运动程序、取像运动程序、自动贴装运动程序、上板 PLC 程序、送料 PLC 程序、输入/输出刷新 PLC 程序等，以完成不同的控制任务。

# 4.6　元件供料器的类型

供料器的作用是将元件 SMC/SMD 按照一定规律和顺序提供给贴装头以便准确方便地拾取，在贴片机中占有相当的数量和位置，是选择贴片机和安排贴片机工艺的重要组成部分。随着贴片速度和精度的提高，供料器的设计与安装受到人们很高的重视。目前适合表面组装元件的供料器主要有标准编带式、管式（杆式）、托盘（华夫盘）式和散装式。杆式有两种类型，一种是重力供料器，另一种是振动棒式供料器。

## 4.6.1　带状供料器

### 1. 标准编带

标准编带由带盘和编带组成，适用于电阻、电容及各种 SOIC 编带包装元件的供料器，它将表面组装元件编带后成卷地进行定点供料，适合进行大批量生产。标准编带按照材质不同可分为纸编带、塑料编带及黏结式编带，其中纸编带和塑料编带可用于一种带式供料器，而黏结式编带使用供料器有所不同，但三种有相同的结构。纸编带由基带、底带和带盖组成标准编带，标准化宽度尺寸有 8mm、12mm、16mm、24mm、32mm、44mm、56mm 和 72mm，基带上同步孔距用来装载 0603 以上元件为 4mm，而小于 0603 以下的为 2mm，使用供料器时应加以注意。

塑料编带结构同纸带，但材料均为塑料。黏结式编带常用于包装尺寸大一些的元件，如 SOIC 等。包装元件依靠不干胶黏合在编带上，通过专用针形销从编带槽中将元件顶出脱离而被真空吸住。

## 2．供料器的种类及运行原理

供料器根据驱动同步棘轮的动力来源分为机械式、电动式和气动式。编带安装在供料器上后，通过压带装置进入供料槽内。上带与编带基体通过分离板分离，固定到收带轮上，编带基体上同步孔装入同步棘轮齿上，编带头直至供料器的外端。贴片头按照程序吸取元件并通过进给滚轮给手柄一个机械信号，使同步棘轮转一个角度，使下一个元件送至供料位置。上层带通过皮带轮机构将上层带收回卷紧，废基带通过废带通道排到外面并定时处理。

### 4.6.2　管状供料器

许多元件采用管状包装，它具有轻便、价廉的特点，通常分为两大类：PLCC、SOJ"丁形脚"和 SOP"鸥翼脚"。

管状供料器的功能是反管子内的元件按顺序送到吸片位置供贴装头吸取，其由电动振动台、定位板等组成。早期仅安装一根管，现在可将相同的几个管叠加在一起，也可以并列在一起，以减少换料时间。

### 4.6.3　盘装供料器

盘装包装主要应用于 QFP 期间，这类元件引脚精细、极易碰伤，采用上下托盘加紧防止移动，方便运输。这种矩阵盘对于小批量和中等批量以及元件外形有明显变化的元件的贴装，是非常理想的。使用华夫盘换器还可以极大地增加柔性。

盘装供料器包括单盘式和多盘式，单盘式仅是一个矩形不锈钢盘，多盘式却可为 40 种不同 QFP 同时供料。较先进的多盘供料器可将托盘分为上下两部分，各容 20 盘，并能分别控制，更换元件时可实现不停机换料。

### 4.6.4　散装供料器

散装供料器是最近几年出现的新型供料器，元件放在专用塑料盒里，每个盒装有一万只元件，不仅可以减少停机时间，而且节约了大量编带纸。散装供料器带有一套线性振动轨道，随着轨道的振动，元件在轨道上排队向前。其适合矩形盒圆形片式元件，但不适合极性元件。目前最小元件尺寸已做到0402，散装供料器占料位与 8mm 带状包装供料器相同，目前有双仓、双道轨两种，即一只供料器相当于两只供料器的功能。

在贴装设备中，包装方式一般根据元件封装形式来决定，表 4-1 为常见元件封装形式，表 4-2 为其包装方式，BGA 和 CSP 元件的喂料基本上是采用标准的编带（用于大批量）形式或华夫盘。一般制造商应考虑供料器在其机器上的通用性，但有时制造商也会为某种特定机器设计供料器，这就限制了供料器在其他机器上的用途。

表 4-1　常见表面组装元件种类及封装

| 元 件 类 型 | 封 装 类 型 |
|---|---|
| 片式电阻 | 1005（0402），1608（0603），… |
| 片式电容 | 1005（0402），1608（0603），… |
| 钽电容 | 3216，3528… |
| MELF-金属电极无引线端面元件 | SOD-80/MLL34，2012（0805），… |

| 元 件 类 型 | 封 装 类 型 |
|---|---|
| 小外形晶体管 | SOT23，SOT89，SOT143，SOT223，TO252 |
| 小外形二极管 | SOD123 |
| SOIC-小外形集成电路 | SO8，SO8W，SO32X，… |
| SSOIC-缩小小外形集成电路 | SSO 48，SSO 56，… |
| SOPIC-小外形封装集成电路 | SOP 6，SOP 14，… |
| TSOP-薄小外形集成电路 | TSOP 6×14，TSOP 6×16，… |
| LCC-无引线陶瓷芯片载体 | LCC-16，LCC-20，… |
| PLCC-塑料封装有引线芯片载体 | 方形：PLCC-20，PLCC-28，…<br>矩形：R-18，R-18L，… |
| CFP-陶瓷扁平封装 | MO-003，MO-004，… |
| SOJ-J 型引线小外形集成电路 | SOJ 14/300，SOJ-16/300，… |
| PQFP-塑料方形扁平封装 | PQFP 84，PQFP 100，… |
| SQFP-缩小型扁平封装 | 方形：SQFP 5×5-24，…<br>矩形：5×7-32，10×14-88，… |
| BGA-球栅阵列封装 | BGA 1.27 256，… |
| CSP-芯片尺寸封装 | … |

表 4-2　常见表面组装元件封装尺寸及包装形式

| 序号 | 名称 | 封装 | 性能用途 | 数量 | 焊接要求 | 安装尺寸 | 脚数 | 引脚长宽 | 引脚间距 | 包装 | 备注 |
|---|---|---|---|---|---|---|---|---|---|---|---|
| 1 | 1/8W 电阻 | 1005 | 放大器 | 50 | 260℃，10s | 1.0×0.5×0.3 | | | | 8 | A 厂 |
| 2 | 1/2W 电阻 | 1608 | 放大器 | 20 | 260℃，10s | 1.6×0.8×0.9 | | | | 8 | |
| 3 | 0.1μFMLC | 1005 | 放大器 | 10 | 260℃，5s | 1.0×0.5×0.3 | | | | 8 | |
| 4 | 0.5μFMLC | 1608 | 放大器 | 5 | 260℃，5s | 1.6×0.8×0.4 | | | | 8 | 新件 |
| 5 | 三极管 | SOT23 | 放大器 | 5 | 260℃，5s | 2.7×2.2×10 | 3 | 0.35/0.1 | 1.9 | 16 | |
| 6 | D/A | SOP24 | D/A | 2 | 250℃，5s | 1.68×1.27×3.05 | 24 | 1.05/0.76 | 1.27 | 管式 | |
| 7 | CPU | PLU84 | CPU | 1 | 230℃，2s | 画图 | 84 | 1.15/0.77 | 1.27 | 散装 | |
| 8 | RCM | QFP80 | ROM | 2 | 230℃，2s | 画图 | 80 | 1.0/0.1 | 0.8 | 散装 | |
| … | … | … | … | … | … | … | … | … | … | … | … |
| 20 | 电阻 | THC | 放大器 | 5 | | | | | | 带装 | |
| 21 | 大电容 | THC | 功放 | 5 | | | | | | 带装 | 散热 |

# 4.7　光学系统性能评估要求

在评估面向 SMD 贴装对位系统和应用的贴片机光学系统时，可以遵循以下的一些准则。

## 1. 确定 PCB 基准标记位置的能力

由于 PCB 基准标记的可靠定位是任何 SMD 贴装对位的第一步，光学系统必须可以识别不同的基准，即使在基准外观并不理想的状况下，例如，来自制造工艺的氧化、镀锡和波峰焊料导致的各种变化，可能造成镜面反射和表面不一致，它们会极大地改变标记的外观，可能影响基准外观的其他因素包括电路板变形、焊料堆积过多、电路板颜色改变等，具有容忍这些状况的光学系统可以帮助使用者提高对位成功率，减少操作者的干预。

### 2．识别非标准元件能力

机器光学系统能够可靠地识别各类非标准元件的外形，无论它们的形状如何少见，现有的贴片对位软件，带有内置的几何图案寻找工具，这些工具能"学习"元件的几何属性，即使它形状怪异，系统也能够识别元件。

### 3．可靠避开吸嘴的能力

SMD 元件贴装一般使用前光照明或背光照明，或两种都用。背光照明用于产生元件的背影，显现的图像类似于二进制图像，使光学系统更容易识别元件，在识别片式阻容类等简单元件时通常采用这类照明，但背光也会给光学系统带来难题，拾取元件的吸嘴的背影经常会从元件后面突出来或部分遮蔽芯片（图 4-20），尽管正面照明技术可以防止这种现象，但吸嘴本身的像素灰度值可能会使光学系统无法可靠地区分吸嘴和元件，选择能够识别元件和拾取元件的吸嘴之间形状差别的光学系统，这样的系统能容忍吸嘴的部分遮蔽，因此将提高元件对中精度，防止由于视觉错误而使元件误放。

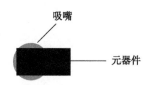

图 4-20　元器件与吸嘴偏位

### 4．识别密间距元件的白色陶瓷表面元件的能力

为了精确地识别 BGA 或 CSP 等各种元件，并检查引脚偏差，光学系统必须能够准确定位每一个元件，光学系统还应该可靠地识别白色陶瓷表面元件，它的低对比度反射性质会使传统的视觉技术失去作用，这些功能应该得到核实，测试软件应该能区分各个物体。

### 5．具有自动编程能力

针对非常特殊的元件，新型视觉软件工具应该具有自动"学习"的能力，用户不必把参数人工输入到系统中，从头创建元件描述，他们只需把元件拿到视觉摄像机前照张相就可以了，系统将自动地产生类似 CAD 的综合描述，这项技术可以提高元件描述精度，并减少很多操作者的错误，加快元件库的创建速度，尤其是在繁率引入新型元件或使用形状独特的元件的情况下，从而提升生产效率。

### 6．支持多种类型的摄像机

以前处理图像的时间一直要比获取它们的时间长，但 CPU 技术的发展加快了图像处理速度，图像获取速度反而可能成为限制因素，为了提高系统处理效率，要把获取图像的时间降低到最低程度，光学系统应该能够支持多种先进的行扫描、高分辨率（1024 像素×1024 像素）、高速的数字式摄像机。

在评估面向 SMD 贴装对中的贴片机光学系统时应该充分考虑上述几个因素，确保选择的系统具有高度的灵活性，能够轻松处理新的元件类型和来自不同制造商的不同元件，使用户的工作变得更为简单。

# 习　题

1. 保证贴片机精度的参数有哪些？
2. 贴片机编程的方法有哪些？
3. 贴片机上的传感器有哪些种类？
4. 评估贴片机光学系统性能的指标有哪些？

## 第 5 章

# 焊　接

## 5.1　焊接原理

　　将比母材（即被焊接的金属材料）熔点低的金属焊接材料熔化，使其与母材结合在一起的过程称为焊接。焊接是通过"润湿"、"扩散"、"冶金结合"三个过程来完成的。具体过程是：焊料先对金属表面产生润湿，伴随着润湿现象发生，焊料逐渐向铜金属扩散，在焊料与铜金属的接触界面上生成合金层，使两者牢固结合起来。

### 5.1.1　润湿

#### 1．润湿过程描述

　　润湿过程是指已经熔化了的焊料借助毛细管力沿着母材金属表面细微的凹凸及结晶的间隙向四周漫流，从而在被焊母材表面形成一个附着层，使焊料与母材金属的原子相互接近，达到原子引力起作用的距离，这个过程被称为熔融焊料对母材表面的润湿。

#### 2．如何判断润湿的形成

　　一般用附着在母材表面的焊料与母材的接触角 $\theta$ 来判别。

　　接触角 $\theta$ 是指沿焊料附着层边缘所作的切线与焊料附着于母材的界面的夹角，如图 5-1 所示。

　　润湿过程如图 5-2 所示，它是形成良好焊点的先决条件。判断准则是：$\theta < 90°$ 表示已润湿；$\theta \geq 90°$ 表示未润湿。

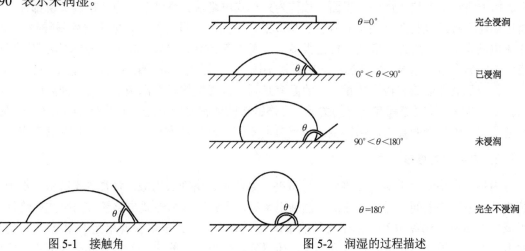

图 5-1　接触角　　　　　　　　　　　　图 5-2　润湿的过程描述

### 5.1.2 扩散

扩散是指熔化的焊料与母材中的原子互相越过接触界面进入对方的晶格点阵。伴随着润湿的进行，焊料与母材金属原子间的互相扩散现象开始发生，通常金属原子在晶格点阵中处于热振动状态，一旦温度升高，原子的活动加剧，原子移动的速度和数量决定加热的温度和时间。

### 5.1.3 冶金结合

由于焊料与母材互相扩散，在两种金属之间形成一个中间层——金属间化合物，从而使母材与焊料之间达到牢固的冶金结合状态，如图 5-3 所示。

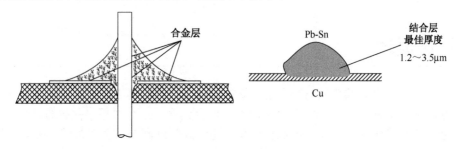

图 5-3　冶金结合的描述

产生连续均匀的金属间化合物，使母材与焊料之间达到牢固的冶金结合状态，是形成优良焊接的基本条件。

## 5.2　烙铁焊接

### 5.2.1　烙铁的选择

#### 1. 外热式电烙铁

外热式电烙铁由烙铁头、烙铁芯、外壳、木柄、电源引线、插头等部分组成，如图 5-4 所示。由于烙铁头安装在烙铁芯里面，故称为外热式电烙铁。烙铁芯是电烙铁的关键部件，它是将电热丝平行地绕制在一根空心瓷管上构成的，中间的云母片绝缘，并引出两根导线与 220V 交流电源连接。外热式电烙铁的规格很多，常用的有 25W、45W、75W、100W 等，功率越大，烙铁头的温度也就越高。烙铁芯的功率规格不同，其内阻也不同。烙铁头是用紫铜材料制成的，它的作用是储存热量和传导热量，它的温度必须比被焊接的温度高很多。烙铁的温度与烙铁头的体积、形状、长短等都有一定的关系。当烙铁头的体积比较大时，则保持时间就长些。另外，为适应不同焊接物的要求，烙铁头的形状有所不同，常见的有锥形、凿形、圆斜面形等。

#### 2. 内热式电烙铁

内热式电烙铁由手柄、连接杆、弹簧夹、烙铁芯、烙铁头组成，如图 5-4 所示。由于烙铁芯安装在烙铁头里面，因而发热快，热利用率高，因此称为内热式电烙铁。内热式电烙铁的常用规格为 20W、50W 几种。由于它的热效率高，20W 内热式电烙铁就相当于 40W 左右的外热式电烙铁。由于内热式电烙铁有升温快、质量轻、耗电省、体积小、热效率高的特点，因而得到了普通的应用。

### 3．恒温电烙铁

恒温电烙铁结构如图 5-5 所示，由于恒温电烙铁头内，装有带磁铁式的温度控制器，控制通电时间而实现温控，即给电烙铁通电时，烙铁的温度上升，当达到预定的温度时，因强磁体传感器达到了居里点而磁性消失，从而使磁芯触点断开，这时便停止向电烙铁供电；当温度低于强磁体传感器的居里点时，强磁体便恢复磁性，并吸动磁芯开关中的永久磁铁，使控制开关的触点接通，继续向电烙铁供电。如此循环往复，便达到了控制温度的目的。

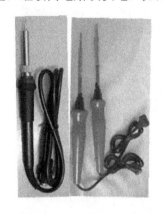

图 5-4　内热式（左）和外热式电烙铁（右）　　　　图 5-5　恒温电烙铁

### 4．吸锡电烙铁

吸锡电烙铁是将活塞式吸锡器与电烙铁融为一体的拆焊工具，如图 5-6 所示。它具有使用方便、灵活、适用范围宽等特点。这种吸锡电烙铁的不足之处是每次只能对一个焊点进行拆焊。

### 5.2.2　烙铁的作用

烙铁焊接的作用如下。

（1）机械自动焊后焊接面的修补及加强焊。

（2）整机组装中各部件装联焊接。

（3）产量很小或单件生产产品的焊接。

（4）温度敏感的元器件及有特殊抗静电要求的元器件焊接。

（5）作为产品设计人员及维修人员的焊接工具。

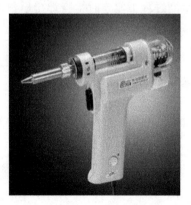

图 5-6　吸锡电烙铁

# 5.3　再流焊技术

### 1．再流焊的原理

再流焊又称为回流焊，它通过加热重新熔化预先分配到 PCB 焊盘上的膏状焊料，从而实现表面组装元器件焊端或引脚与 PCB 焊盘间电气与机械的连接。其示意图如图 5-7 所示。

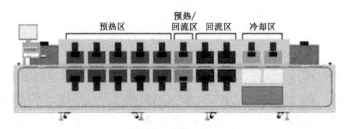

图 5-7　再流焊示意图

## 2．再流焊的工作过程

再流焊的工作过程如图 5-8 所示。再流焊的过程需要注意以下几点。

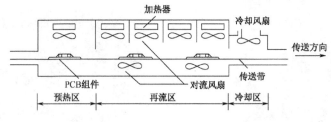

图 5-8　再流焊的工作过程

（1）要设置合理的再流焊温度曲线，不恰当的温度曲线设置会导致出现焊接不完全、虚焊、锡珠多等焊接缺陷，影响产品质量。

（2）要按照 PCB 设计时的焊接方向进行焊接。

（3）焊接过程中，严防传送带振动。

（4）必须对首块印制板的焊接效果进行检查。检查焊接是否完全、有无焊膏熔化不充分的痕迹、焊点表面是否光滑、焊点开头是否呈半球状、焊料球和残留物的情况、连焊和虚焊的情况等；此外，还要检查 PCB 表面颜色变化情况。要根据检查结果适当调整温度曲线。在批量生产过程中要定时检查焊接质量的情况，及时对温度曲线进行调整。

## 3．再流焊的分类

按再流焊加热区域可分为两大类：一类是对 PCB 整体加热，另一类是对 PCB 局部加热，如图 5-9 所示。

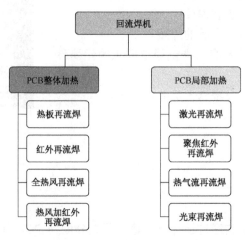

图 5-9　再流焊的分类

（1）对 PCB 整体加热再流焊可分为热板再流焊、红外再流焊、全热风再流焊和热风加红外再流焊。

（2）对 PCB 局部加热再流焊可分为激光再流焊、聚焦红外再流焊、光束再流焊和热气流再流焊。

### 4．再流焊温度曲线

电路板由入口进入再流焊炉膛，到出口传出完成焊接，再流焊温度曲线如图 5-10 所示，整个再流焊过程一般需经过预热、保温干燥、回流、冷却等温度不同的 4 个阶段。要合理设置各温区的温度，使炉膛内的焊接对象在传输过程中所经历的温度按合理的曲线规律变化，这是保证再流焊质量的关键。

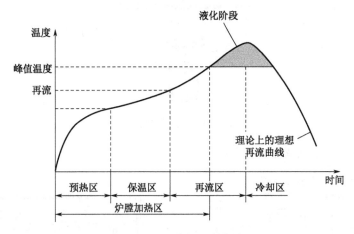

图 5-10　再流焊温度曲线

（1）预热区：从室温逐步加热至 150℃左右，溶剂挥发。

（2）保温区：维持 150～160℃，活性剂开始作用，去除焊接对象表面氧化层。

（3）再流区：温度逐步上升，超过焊锡膏熔点温度 30%～40%，焊膏完全熔化并润湿焊端与焊盘；称为工艺窗口。

（4）冷却区：迅速降温，固化形成焊点完成焊接。

由温度曲线分析再流焊的原理：当 PCB 进入升温区（干燥区）时，焊膏中的溶剂、气体蒸发掉，同时，焊膏中的助焊剂润湿焊盘、元器件端头和引脚，焊膏软化、塌落、覆盖了焊盘、元器件端头和引脚与氧气隔离→PCB 进入保温区时，PCB 和元器件得到充分的预热，以防 PCB 突然进入焊接高温区而损坏 PCB 和元器件→当 PCB 进入焊接区时，温度迅速上升使焊膏达到熔化状态，液态焊锡对 PCB 的焊盘、元器件端头和引脚润湿、扩散、漫流或回流混合形成焊锡接点→PCB 进入冷却区，使焊点凝固。此时完成了再流焊。

### 5．再流焊机的基本组成结构

再流焊机是 SMT 设备中技术要求相对较低的设备，其品牌繁多，具体结构随加热方式有所不同，热风和红外加热是最为广泛应用的再流焊加热方式。

基本组成结构：炉体、加热系统、传送系统、气动系统、冷却系统、氮气系统、助焊剂回收系统、排气系统和控制系统等。加热温区为 3～10 温区不等，温区数不同，设备长度不一。

（1）热风加热系统。　热风再流焊机加热系统结构如图 5-11 所示，主要由热风电机、加热管、热电偶、固态继电器 SSR、温控模块等部分组成。炉膛被划分成若干独立控温温区，各温区又分上、下两温区，内装发热管，热风电机带动风轮转动，形成热风通过特殊结构的风道，经整流板吹出，使热气均匀分布在温区内。

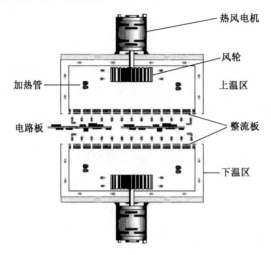

图 5-11　热风加热系统

（2）气流组织设计，如图 5-12 所示。

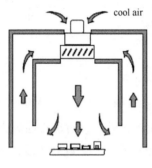
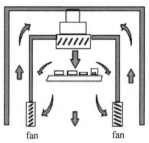

图 5-12　气流组织设计

（3）热风加热系统，如图 5-13 所示。

图 5-13　热风加热系统

（4）热风加热温控系统。热风加热温控系统是通过调整加热丝加热时间实现的。每个温区均有热电偶，安装在整流板出风口位置，检测温区温度，并把信号传递给控制系统温控模块；温控模块接收到信号，实时进行数据运算处理，决定是否输出信号给 SSR。

（5）顶盖升起系统，如图 5-14 所示。

图 5-14　顶盖升起系统

（6）顶盖升起系统与上下加热板分离系统，如图 5-15 所示。

图 5-15　顶盖升起系统与上下加热板分离系统

（7）便携式加热结构，如图 5-16 所示。

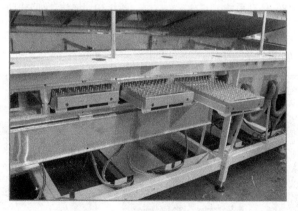

图 5-16　便携式加热结构

（8）红外加热系统。红外加热原理：红外辐射体将 80%的热能以电磁波形式——红外线向外发射，以非接触形式传递能量给待加热物体，被辐射物体迅速升温，如形成共振，则升温大大加快。红外线按波长分为近、中、远红外加热。加热系统如图 5-17 所示。

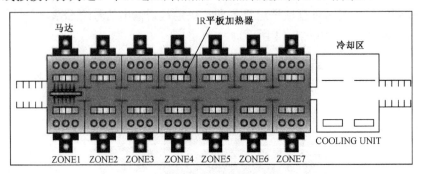

图 5-17　红外加热系统

红外加热器种类繁多，大体可分两类，一类是灯源辐射体，直接辐射热量，称为一次辐射体；另一类是面源板式辐射体，加热器铸造在陶瓷板、铝板或不锈钢板板内，热量首先通过传导转移到板面上。

（9）传动系统。传动系统将电路板从再流焊机入口按一定速度输送到再流焊机出口，主要包括导轨、网带、中央支撑、链条、运输电机、轨道宽度调整机构和运输速度控制机构等部分，如图 5-18 所示。

（10）链传动+网传动，如图 5-19 所示。

图 5-18　传动系统　　　　图 5-19　链传动+网传动

（11）助焊剂回收与冷却系统，如图 5-20 所示。

（12）排风系统，如图 5-21 所示。

图 5-20　助焊剂回收与冷却系统　　　图 5-21　排风系统

通常外接风机强制排风，保证残余助焊剂排放良好，保证工作环境空气清洁、减少废气对排风管道的污染。

（13）氮气供应系统，如图 5-22 所示。

全制程惰性气体保护，保证焊接顺利进行，防氧化，增强润湿能力，提高焊接质量。

（14）控制系统，如图 5-23 所示。

图 5-22　氮气供应系统

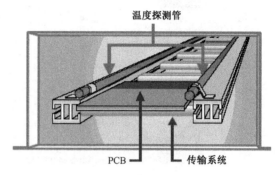

图 5-23　控制系统

（15）润滑系统，如图 5-24 所示。

图 5-24　润滑系统

自动润滑：根据设置加油周期及加油时间，操作系统控制电磁阀开闭实现该功能。如果传输链润滑不良，就需要检查：

① 设置加油周期及加油时间；

② 检查油杯出口是否堵塞；

③ 电磁阀是否损坏。

## 5.4　波峰焊

波峰焊接（波峰焊）主要用于传统通孔插装印制电路板电装工艺，以及表面组装与通孔插装元器件的混装工艺。适用于波峰焊工艺的表面组装元器件有矩形和圆柱形片式元件、SOT 以及较小的 SOP 等器件。

### 5.4.1　波峰焊的原理和工艺流程

波峰焊的工作原理如图 5-25 所示。

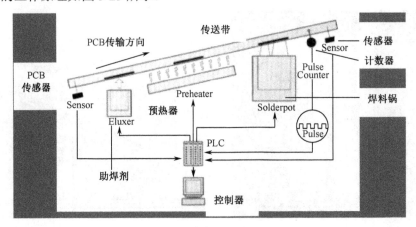

图 5-25　波峰焊的工作原理

用于表面组装元器件的波峰焊设备一般都是双波峰或电磁泵波峰焊机。下面以双波峰焊机为例介绍波峰焊工艺流程。其工艺流程为：焊接前准备→开波峰焊机→设置焊接参数→首件焊接并检验→连续焊接生产→送修板检验。

如图 5-26 所示，当完成点（或印刷）胶、贴装、胶固化、插装通孔元器件的印制板从波峰焊机的入口端随传送带向前运行，通过焊剂发泡（或喷雾）槽时，印制板下表面的焊盘、所有元器件端头和引脚表面被均匀地涂覆上一层薄薄的焊剂。随着传送带运行，印制板进入预热区，焊剂中的溶剂被挥发掉，焊剂中松香和活性剂开始分解和活性化，印制板焊盘、元器件端头和引脚表面的氧化膜以及其他污染物被清除；同时，印制板和元器件得到充分预热。

印刷贴片胶　　贴装元器件　　胶固化　　插装元器件　　波峰焊

图 5-26　双波峰焊接过程示意图

印制板继续向前运行，印制板的底面首先通过第一个熔融的焊料波。第一个焊料波是乱波（振动波或紊流波），将焊料打到印制板的底面所有的焊盘、元器件焊端和引脚上；熔融的焊料在经过焊剂净化的金属表面上进行浸润和扩散。之后，印制板的底面通过第二个熔融的焊料波，第二个焊料波是平滑波，平滑波将引脚及焊端之间的连桥分开，并去除拉尖（冰柱）等焊接缺陷。

当印制板继续向前运行离开第二个焊料波后，自然降温冷却形成焊点，即完成焊接。

双波峰焊理论温度曲线如图 5-27 所示。

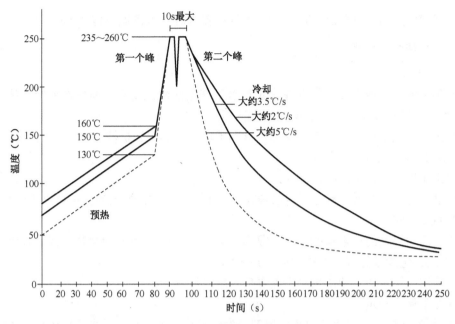

图 5-27　双波峰焊理论温度曲线

## 5.4.2　波峰焊工艺对元器件和印制板的基本要求

### 1．对表面组装元件要求

表面组装元器件的金属电极应选择三层端头结构，元器件体和焊端能经受两次以上 260℃ 波峰焊的温度冲击，焊接后元器件体不损坏或变形，片式元件金属端头无剥落（脱帽）现象。

### 2．对插装元件要求

如采用短插一次焊工艺，插装元件必须预先成型，要求元件引脚露出印制板表面 0.8～ 3mm。

### 3．对印制电路板要求

基板应能经受 260℃/50s 的热冲击，铜箔抗剥强度好；阻焊膜在高温下仍有足够的黏附力，焊接后不起皱；一般采用 RF4 环氧玻璃纤维布印制电路板。印制电路板翘曲度小于 0.8%～1.0%。

### 4．对 PCB 设计要求

对于贴装元器件采用波峰焊工艺的印制电路板必须按照贴装元器件的特点进行设计，元器件布局和排布方向应遵循较小的元件在前和尽量避免互相遮挡的原则。

## 5.4.3　波峰焊工艺材料

### 1．焊料

目前一般采用 Sn63/Pb37 棒状共晶焊料，熔点 183℃。使用过程中，Sn 和 Pb 的含量分别保持在±1%以内；Sn 的最小含量为 61.5%；焊料中主要杂质的最大含量控制在以下范围内：Cu<0.08%；A1<0.005%；Fe<0.02%；Bi<0.1%；Zn<0.002%；Sb<0.02%；As<0.05%。根据设备的使用情况定期（三个月至半年）检测焊料的主要杂质以及 Sn 和 Pb 的含量，不符合要求时更

换焊锡或采取其他措施，例如当 Sn 含量少于标准要求时，可掺加一些纯 Sn。

**2. 焊剂和焊剂的选择**

（1）焊剂的作用。

① 焊剂中的松香树脂和活性剂在一定温度下产生活性化反应，能去除焊接金属表面氧化膜，同时松香树脂又能保护金属表面在高温下不再氧化。

② 焊剂能降低熔融焊料的表面张力，有利于焊料的润湿和扩散。

（2）焊剂的特性要求。

① 熔点比焊料低，扩展率＞85%。

② 黏度和比重比熔融焊料小，容易被置换，不产生毒气。焊剂的比重可以用溶剂来稀释，一般控制为 0.82～0.84。

③ 免清洗型焊剂的比重＜0.8，要求固体含量＜2.0wt%，不含卤化物，焊后残留物少，不产生腐蚀作用，绝缘性能好，绝缘电阻＞$1\times10^{11}\Omega$。

④ 水清洗、半水清洗和溶剂清洗型焊剂要求焊后易清洗。

⑤ 常温下储存稳定。

（3）焊剂的选择。按照清洗要求，焊剂分为免清洗、水清洗、半水清洗和溶剂清洗四种类型。按照松香的活性分类，可分为 R（非活性）、RMA（中等活性）、RA（全活性）三种类型，要根据产品对清洁度和电性能的具体要求进行选择。

一般情况下军用及生命保障类产品，如卫星、飞机仪表、潜艇通信、医疗装置和微弱信号测试仪器等电子产品必须采用清洗型的焊剂。其他如通信类、工业设备类、办公设备类及计算机等类型的电子产品可采用免清洗或清洗型的焊剂。一般家用电器类电子产品均可采用免清洗型焊剂或采用 RMA（中等活性）松香型焊剂，可不清洗。

（4）稀释剂。当焊剂的比重超过要求值时，可使用稀释剂进行稀释；不同型号的焊剂应采用相应的稀释剂。

（5）防氧化剂。防氧化剂是为减少焊接时焊料在高温下氧化而加大的辅料，起节约焊料和提高焊接质量作用，目前主要采用油类与还原剂组成的防氧化剂。要求防氧化剂还原能力强、在焊接温度下不碳化。

（6）锡渣减除剂。锡渣减除剂能使熔融的焊锡与锡渣分离，从而起到节省焊料的作用。

（7）阻焊剂或耐高温阻焊胶带。用于防止波峰焊时后附元件的插孔被焊料堵塞等。

## 5.4.4　波峰焊的主要工艺参数及对工艺参数的调整

**1. 焊剂涂覆量**

要求在印制板底面有薄薄的一层焊剂，要均匀，不能太厚，对于免清洗工艺特别要注意不能过量。焊剂涂覆量要根据波峰焊机的焊剂涂覆系统，以及采用的焊剂类型进行设置。焊剂涂覆方法主要有涂刷与发泡和定量喷射两种方式。

采用涂刷与发泡方式时，必须控制焊剂的比重。焊剂的比重一般控制在 0.82～0.84 之间（液态松香焊剂原液的比重）。焊接过程中随着时间的延长，焊剂中的溶剂会逐渐挥发，使焊剂的比重增大；其黏度随之增大，流动性也随之变差，影响焊剂润湿金属表面，妨碍熔融的焊料在金属表面上的润湿，引起焊接缺陷。因此，采用传统涂刷及发泡方式时应定时测量焊剂的比重，如发现比重增大，应及时用稀释剂调整到正常范围内；但是，稀释剂不能加入过多，比重偏低会使焊剂的作用下降，对焊接质量也会造成不良影响。另外，还要注意不断补充焊剂槽中的焊剂量，不能低于最低极限位置。

采用定量喷射方式时，焊剂是密闭在容器内的，不会挥发、不会吸收空气中水分、不会被污染，因此焊剂成分能保持不变。关键要求喷头能够控制喷雾量，应经常清理喷头，喷射孔不能堵塞。

### 2．预热温度和时间

预热的作用如下。

（1）将焊剂中的溶剂挥发掉，这样可以减少焊接时产生气体。

（2）焊剂中松香和活性剂开始分解和活化，可以去除印制板焊盘、元器件端头和引脚表面的氧化膜及其他污染物，同时起到防止金属表面在高温下发生再氧化的作用。

（3）使印制板和元器件充分预热，避免焊接时急剧升温产生热应力损坏印制板和元器件。

印制板预热温度和时间要根据印制板的大小、厚度、元器件的大小和多少，以及贴装元器件的多少来确定。预热温度在 90～130℃（PCB 表面温度），多层板及有较多贴装元器件时预热温度取上限。预热时间由传送带速度来控制。如预热温度偏低或和预热时间过短，焊剂中的溶剂挥发不充分，焊接时产生气体引起气孔、锡珠等焊接缺陷；如预热温度偏高或预热时间过长，焊剂被提前分解，使焊剂失去活性，同样会引起毛刺、桥接等焊接缺陷。因此，要恰当控制预热温度和时间，最佳的预热温度是在波峰焊前涂覆在 PCB 底面的焊剂带有黏性。

各种 PCB 板预热温度表如表 5-1 所示。

表 5-1　各种 PCB 板预热温度表

| PCB 类型 | 元 器 件 | 预热温度（℃） |
|---|---|---|
| 中面板 | 纯 THC 或 THC 与 SMD 混装 | 90～100 |
| 双面板 | 纯 THC | 90～110 |
| 双面板 | THC 与 SMD | 100～110 |
| 多层板 | 纯 THC | 110～125 |
| 多层板 | THC 与 SMD 混装 | 110～130 |

### 3．焊接温度和时间

焊接过程是焊接金属表面、熔融焊料和空气等之间相互作用的复杂过程，必须控制好焊接温度和时间。如焊接温度偏低，液体焊料的黏度大，不能很好地在金属表面润湿和扩散，容易产生拉尖和桥连、焊点表面粗糙等缺陷。如焊接温度过高，容易损坏元器件，还会由于焊剂被炭化失去活性、焊点氧化速度加快，产生焊点发乌、焊点不饱满等问题。

波峰温度一般为 250℃±5℃（必须测量实际波峰温度）。由于热量是温度和时间的函数，在一定温度下焊点和元件受热的热量随时间的增加而增加。波峰焊的焊接时间通过调整传送带的速度来控制，传送带的速度要根据不同型号波峰焊机的长度、预热温度、焊接温度等因素统筹考虑进行调整。以每个焊点，接触波峰的时间来表示焊接时间，一般焊接时间为 3～4s。

### 4．印制板爬坡角度和波峰高度

印制板爬坡角度为 3°～7°，是通过调整波峰焊机传输装置的倾斜角度来实现的。

如图 5-28 所示，适当的爬坡角度有利于排除残留在焊点和元件周围由焊剂产生的气体，当 THC 与 SMD 混装时，由于通孔比较少，应适当加大印制板爬坡角度。通过调节倾斜角度还可以调整 PCB 与波峰的接触时间，倾斜角度越大，每个焊点接触波峰的时间越短，焊接时间就短；倾斜角度越小，每个焊点接触波峰的时间越长，焊接时间就长。适当加大印制板爬坡角度还有利于焊点与焊料波的剥离。当焊点离开波峰时，如果焊点与焊料波的剥离速度太慢，容易造成桥接。适当的波峰高度使焊料波对焊点增加压力和流速有利于焊料润湿金属表面、流入小孔，波峰高度一般控制在印制板厚度的 2/3 处。

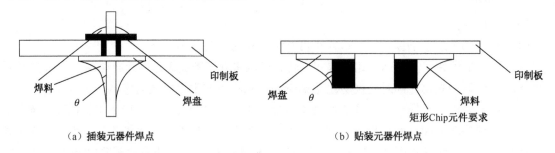

（a）插装元器件焊点　　　　　　　　　　（b）贴装元器件焊点

图 5-28　元器件焊点

### 5．工艺参数的综合调整

工艺参数的综合调整对提高波峰焊质量是非常重要的。

焊接温度和时间是形成良好焊点的首要条件。焊接温度和时间与预热温度、焊料波的温度、倾斜角度、传输速度都有关系。综合调整工艺参数时首先要保证焊接温度和时间。双波峰焊的第一个波峰一般在 235～240℃/1s，第二个波峰一般在 240～260℃/3s。

$$焊接时间＝焊点与波峰的接触长度/传输速度$$

焊点与波峰的接触长度可以用一块带有刻度的耐高温玻璃测试板走一次波峰进行测量。

传输速度是影响产量的因素。在保证焊接质量的前提下，通过合理地综合调整各工艺参数，实现尽可能地提高产量的目的。

## 5.4.5　波峰焊接质量要求

（1）焊点外观。焊接点表面应完整、连续平滑、焊料量适中，无大气孔和沙眼。

（2）润湿性。焊点润湿性好，呈弯月形状，插装元件润湿角 $\theta$ 应小于 90°，以 15°～45° 为最好；片式元件润湿角 $\theta$ 小于 90°，焊料应在片式元件金属化端头处全面铺开，形成连续均匀的覆盖层。

（3）漏焊、虚焊和桥接等缺陷应降至最少。

（4）元件体。焊接后贴装元件无损坏、无丢失、端头电极无脱落。

（5）插装元件。要求插装元器件的元件面上锡好（包括元件引脚插装孔和金属化孔）。

（6）PCB 表面。焊接后印制板表面允许有微小变色，但不允许严重变色，不允许阻焊膜起皱、起泡和脱落。

## 5.4.6　波峰焊设备

波峰焊设备外观如图 5-29 所示。

波峰焊设备内部结构如图 5-30 所示。

图 5-29　日东 FM-350 无铅型波峰焊锡机

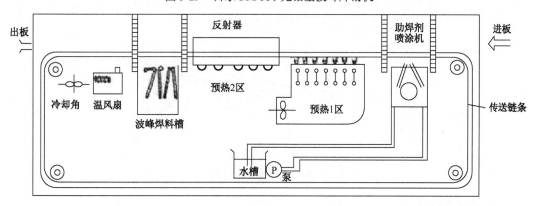

图 5-30　波峰焊内部结构

波峰的形成有波峰法和喷射法两种，如图 5-31 所示。

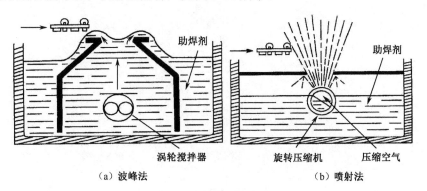

（a）波峰法　　　　　　　　　　（b）喷射法

图 5-31　波峰发生方法

### 5.4.7　波峰焊接的工作过程

**1．预热**

印制电路板表面涂覆助焊剂后，紧接着按一定的速度通过预热区加热，使表面温度逐步上升至 90～110℃。预热的主要作用如下。

（1）挥发助焊剂中的溶剂，使助焊剂呈胶粘状。液态的助焊剂内有大量溶剂，主要是无水酒精，如直接进入锡缸，在高温下会急剧的挥发，产生气体使焊料飞溅，在焊点内形成气孔，影响焊接质量。

（2）活化助焊剂，增加助焊能力，在室温下焊剂还原氧化膜的作用是很缓慢的，必须通过加热使助焊剂活性提高，起到加速清除氧化膜的作用。

（3）减少焊接高温对被焊母材的热冲击，焊接温度约为245℃，在室温下的印制电路板及元器件若直接进入锡槽，急剧的升温会对它们造成不良影响。

（4）减少锡槽的温度损失，未经预热的印制电路板与锡面接触时，使锡面温度会明显下降，从而影响润湿、扩散的进行。

### 2. 焊接

波峰焊接过程如图 5-32 所示，印制电路板组件在传送机构的带动下按一定的速度缓慢地通过锡峰，使每个焊点与锡面的接触时间均为 3～5s，在此期间，熔融焊锡对焊盘及元器件引出端充分润湿、扩散而形成冶金结合层，获得良好的焊点。

图 5-32　波峰焊接过程

### 3. 波峰焊作业流程。

波峰焊作业流程如图 5-33 所示。

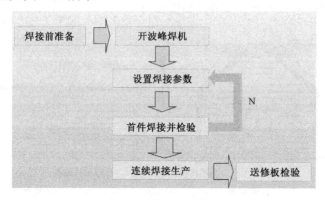

图 5-33　波峰作业流程

# 习　题

### 一、填空题

1. 焊接是通过_____、_____、_____三个过程来完成的。

2. 烙铁焊接的作用有：

（1）_____；

（2）_____；

（3）_____；

（4）温度敏感的元器件及有特殊抗静电要求的元器件焊接；

（5）作为产品设计人员及维修人员的焊接工具。

3．电路板由入口进入再流焊炉膛，到出口传出完成焊接，整个再流焊过程一般需经过___
_____、_____、_____、冷却等温度不同的四个阶段。

4．波峰焊工艺流程包括焊接前准备、开波峰焊机、_____、_____、连续焊接生产、送修板检验。

5．波峰焊接质量要求焊接点_____、连续平滑、_____，无大气孔和砂眼。

二、判断题（√代表正确，×代表错误）

（1）焊剂的作用主要是去除元器件端子和基板焊盘表面的氧化物。　　　（　　）

（2）焊剂可以使焊料的熔点下降。　　　（　　）

（3）焊剂可促进焊料的润湿。　　　（　　）

（4）焊剂可降低焊料的表面张力。　　　（　　）

（5）焊剂可清洁焊料的表面。　　　（　　）

（6）焊料在达到熔融温度以上熔化时，这种温度对润湿性没有变化。　　　（　　）

（7）焊料的润湿，能够通过使用助焊剂使其性能提高。　　　（　　）

（8）由于助焊剂具有去除氧化物的作用，因此对焊接中出现的油脂、尘埃等也肯有清洁作用。　　　（　　）

（9）焊料中包含铋、锑等元素，如渗入量是微量的对焊接没有影响。　　　（　　）

（10）锡铅焊料按组织成分有多种，如果不添加其他元素，其润湿性是相同的。（　　）

## 第6章

# SMT 检测设备与产品可靠性检测

　　SMT 品质检测是提高 SMT 产品质量的重要步骤，它能改善产品品质，努力达到"零缺陷"。组装到仪器上再发现故障的费用是在装配印制电路板时发现故障所耗费用的几十倍；而将产品投入市场后发现故障的费用将是在装配印制电路板时发现故障所耗费用的上百倍。作业过程中为了确保 SMT 产品质量，就要进行有效的检测，及时发现缺陷和故障并修复，从而有效降低因制造含有故障的产品及返修所需的费用。SMT 品质检测从检测位置上可分为来料检测（简称 IQC）、工艺过程检测（简称 IPQC）、成品检测（简称 FQC）、出厂检验（简称 OQC）等；从检测方法上可分为目视检验、在线测试（简称 ICT）、自动光学检测（简称 AOI）、X-Ray 检测（简称 X-Ray 或 AXI）、功能测试（简称 FT）等。

## 6.1　SMT 检测设备

### 6.1.1　检测工具与目视检测

#### 1. 目视检测

　　目视检测是 SMT 检测作业的一项基本手段，其主要目的是检查元器件的外观。其作业的重点是来料检测、印制电路板及焊点外观、缺件、错件、极性反、偏移等项目。

#### 2. 目视检测作业所使用的工具

　　目视检测作业所使用的工具包括游标卡尺（图 6-1）、千分尺、放大镜（图 6-2）、显微镜（图 6-3）、防静电手套、防静电工作服（图 6-4）、镊子、防静电刷子等。

图 6-1　游标卡尺

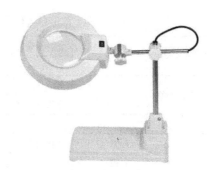

图 6-2　放大镜

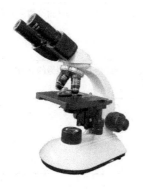

图 6-3　显微镜

图 6-4　防静电工作服

## 3. 结构性检验工具

结构性检验工具包括拉力计、扭力计等，如图 6-5 和图 6-6 所示。

图 6-5　拉力计

图 6-6　扭力计

## 4. 特性检验

特性检验所使用的检测仪器或设备包括万用表、电容表、示波器等。

## 5. 目视来料检测作业书

目视来料检测作业书，如表 6-1 所示。

表 6-1　目视来料检测作业书

| ×××××××××××× | 文件编号：×××××××××× | |
| | 编制：××× | |
| 来料检测 | 版本号：×× | 页码：×× |
| | 本页修改序号：×× | |

名称：集成电路（IC）

| 检验项目 | 检验方法 | 检验内容 | 判定等级 |
| --- | --- | --- | --- |
| 1. 型号规格 | 目检 | 检查型号规格是否符合规定要求 | A |
| 2. 包装、数量 | 目检 | 检查包装是否为防静电密封包装 | A |
| | | 清点数量是否符合 | A |
| 3. 封装、标志 | 目检 | 检查封装是否符合要求，表面有无破损、引脚是否平整且无氧化现象 | A |
| | | 检查标志是否正确、清晰 | A |
| 4. 功能测试 | 替代法测试 | 将需测试的 IC 与车台板（振动传感器）上相同型号的 IC 替换，再进行功能测试，功能正常的则判合格 | A |

测试用仪器、仪表、工具：

1. 放大镜（5 倍）

2. 模拟板

3. 车台控制板工装、振动传感器

注意事项：

1. 检验时需戴防静电手套，不能直接用手接触集成电路

2. 要有防静电措施

注：车台 CPU 与遥控器 CPU 不作第 3 项功能测试

## 6.1.2　自动光学检测仪

### 1. AOI 技术基本原理

随着 PCB 导体图形的细线化、SMT 器件小型化和 SMT 组件的高密度化的发展，自动光学检测（AOI）技术迅速发展起来，并已在 SMT 检测技术中广泛采用。AOI 原理与贴片机和印刷机所用的视觉系统的原理相同，通常采用设计规则检验（DRC）和图形识别两种方法。DRC 法按照一些给定的规则（如所有连线应以焊点为端点，所有引脚宽度不小于 $0.127\mu m$，所有引脚之间的间隔不小于 $0.102mm$ 等）检查电路图形。这种方法可以从算法上保证被检验电路的正确性，而且具有制造容易、算法逻辑容易实现高速处理、程序编辑量小、数据占用空间小等特点，为此采用该检验方法的较多。但是该方法确定边界能力较差，常用引脚检验算法根据求得的引脚平均值确定边界位置，并按设计确定灰度级。图形识别法是将存储的数字化图像与实际图像比较。检查时按一块完好的 PCB 或根据模型建立起来的检查文件进行比较，或者按照计算机辅助设计中编制的检查程序进行。精度取决于分辨率和所用检查程序，一般与电子测试系统相同，但是采集的数据量大，数据实时处理要求高。然而由于图形识别法用实际设计数据代替 DRC 中既定设计原则，具有明显的优越性。

### 2. AOI 技术检测功能

AOI 具有元器件检验、PCB 光板检查、焊后组件检查等功能，如图 6-7 所示。AOI 检测系

统进行组件检测的一般程序为：自动计数已装元器件的 PCB，开始检验；检查 PCB 有引脚一面，以保证引脚端排列和弯折适当；检查 PCB 正面是否有元器件缺漏、错误元器件、损伤元器件、元器件装接方向不当等；检查装接的 IC 机分立器件型号、方向和位置等；检查 IC 器件上标记印制质量检验等。一旦 AOI 发觉不良组件，系统向操作者发出信号，或触发执行机构自动取下不良组件。系统对缺陷进行分析，向主计算机提供缺陷类型和频数，对制造过程作必要的调整。AOI 的检查效率与可靠性取决于所用软件的完善性。AOI 还具有使用方便、调整容易、不必为视觉系统算法编程等优点。

### 3. AOI 程序编写步骤

（1）新建程序。确定程序机种名称及所属类型。

（2）程序面设置。程序面设置主要是设置 PCB 板的大小尺寸，让计算机确定需要检测的 PCB 板大小，此处还能够让操作人员直观地查看 PCB 全图。

（3）Mark 设置。Mark 设置主要是用于检测之前或者是编程前校正确认当前加载的 PCB 板是不是当前对应的 PCB 板程序的一项设置。

Mark 主要有 4 个作用：检测加载的 PCB 板是否为对应的程序；校正 A、B 双面，自动调出对应面的程序；校正 PCB 板是否位置正确；校正 PCB 板在过再流焊炉时有没有发生变形。

图 6-7　AOI 设备（神州视觉 Aleader ）

单击"编辑"菜单项的 Mark 设置，会弹出如图 6-8 所示的对话框，在镜头图下还会发现一个正方形的小框，找到 PCB 板的一个角，确定一个圆形图案，用正方形小框将圆形图案完整包住，形成一个外切圆。如图 6-9 所示。

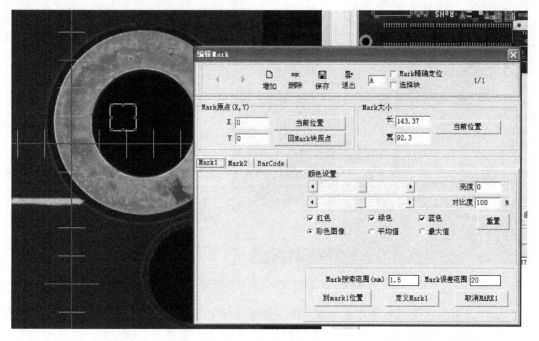

图 6-8　Mark 设置

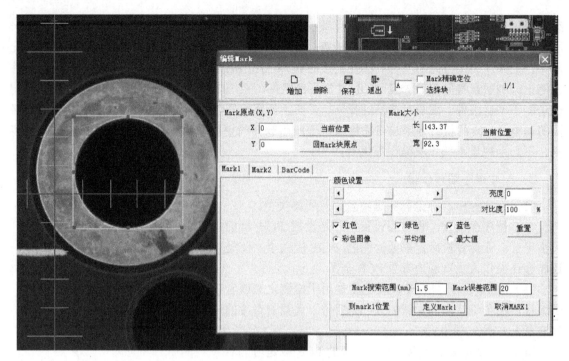

图 6-9　圆形图案

单击菜单项内的"定义 Mark1"按钮，第一个 Mark 点的特征图片出现在左下框内，如图 6-10 所示。

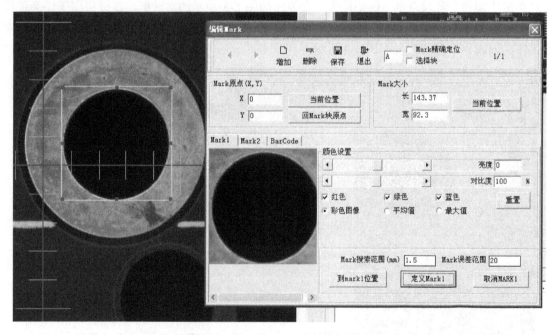

图 6-10　第一个 Mark 点的特征图片

先选择调整图像类型为最大值，适当修改亮度与对比度，直至特征图片清晰明亮，容易分辨，这样 Mark1 就设置好了。亮度与对比度修改后的效果，如图 6-11 所示。

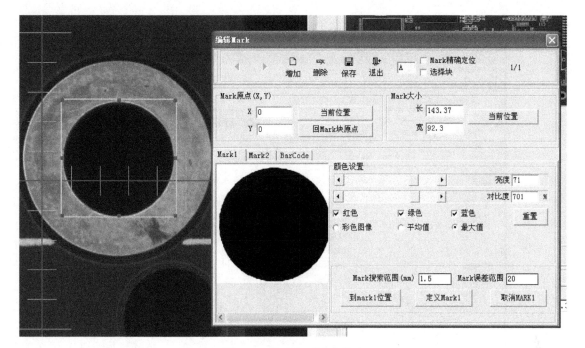

图 6-11　亮度与对比度修改

　　选择"Mark2"选项，重复 Mark1 设置操作。Mark2 设置好了，单击"保存"按钮，Mark设置就完成了。

　　（4）程序编写。重点掌握元件框的画法，了解特殊元件单独画法。

　　① 手动画框。首先选择一块完好的 PCB 样板，此样板上所有的元件均没有明显的错误，因为做程序的样板是提供标准的元件图的模板，如果标准图有错误，或者标准图不是很标准，这样就很容易将错误学习进去，导致错误无法检测出来。

　　② 丝印框的画法。丝印框主要用于检测元件表面的文字是否正确，以及是否有错料、极性、污染、偏移等问题。

　　丝印检测框分两种类型，一种为 SILK，另一种为 OCV，前者为模拟图片，后者为数字图片。相对而言，OCV 的检测精度高于 SILK，所以大部分有丝印的元件均采用 OCV 检测类型。

　　在图 6-12 右上角标准图框内，①为 SILK 类型标准图框，②为 OCV 类型标准图框，在注册标准时，丝印框只需要将需要检测的丝印全部显示出来，适当地调整一下亮度与对比度，使SILK 清晰明亮容易分辨，如果在调整过程中出现了 OCV 图片有很多杂质，相应地调整参数系数，确保 OCV 图片清晰。

　　"颜色设置"区域用于调整 SILK 区域，如果图片不清晰或不明亮，可调整亮度和对比度，其他选项采用默认设置。"参数"设置区域用于调整 OCV 区域，"范围"用于调整背景颜色与丝印的差异；"大小"为组成线条像素点的多少，如果实测 OCV 图片中有线条像素点低于设定值，则被滤掉；"滤波"为滤掉噪声。

　　由图 6-13 可以看到，当调整增大 SILK 的亮度与对比度时，SILK 清晰了，但 OCV 图片很杂乱，这时就需要对 OCV 图片进行清晰调整，首先选择滤波，这种清晰丝印一般选择 2 级滤波就可以了，特别杂乱的丝印采用 3 级滤波，如果还是有一些杂乱的丝印出来，可相应地调整

"范围"与"大小"。调整后的效果如图 6-14 所示。

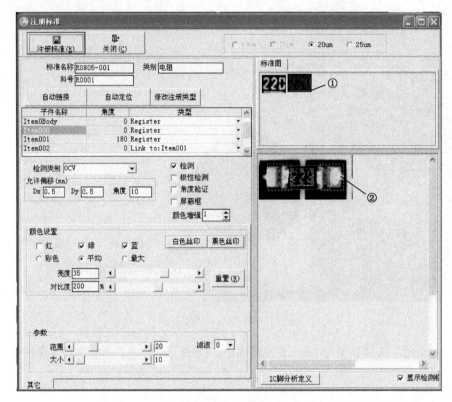

图 6-12　丝印框的画法

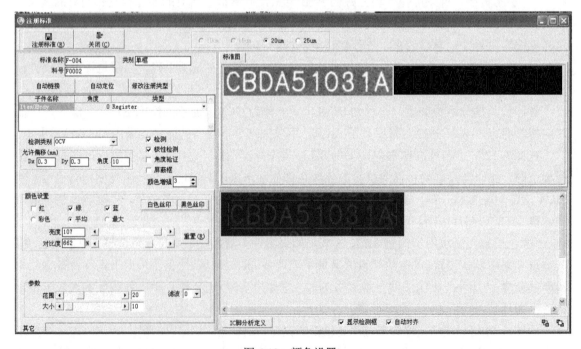

图 6-13　颜色设置

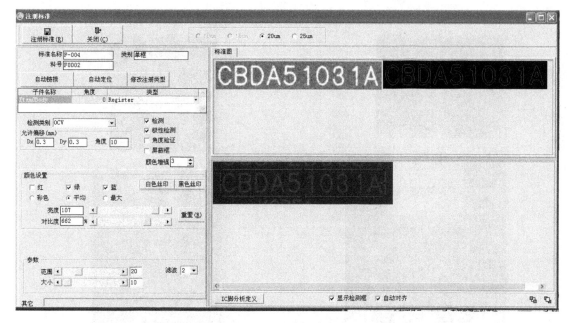

图 6-14　调整后的效果

③　本体框的画法。如图 6-15 和图 6-16 所示，本体框的主要作用是定位，在检测前先将元件框定位好，以保证最佳的检测效果，一般说来，如果计算机要清晰地定位准确，就必须要让本体框内的图片颜色差异明显，方便计算机自动识别。所以，本体框如果本身差异较大，将本体全部框住即可，如电阻、电容、排阻，但如果本体上都只有一种颜色或者颜色差异不大，则需要相应地增大或选择性画框，以保证其颜色差异明显，方便定位。

④　短路框的画法。如图 6-17 所示，短路框的原理是基于三基色成像原理的一种失真检测方式，在短路框内，滤掉了红光和绿光，只留下蓝色光，然后检查蓝光的像素点连起来的线条有没有超过两个 IC 脚的宽度（IC 脚宽度计算机能够自动计算得来），如果短路框内有超过规定的 IC 脚的宽度线条则报 NG。短路框的画法是将可能出现短路的地方框起来。

（a）电阻的本体框

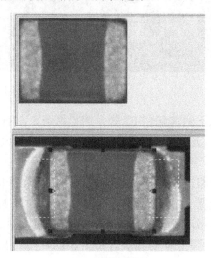

（b）电容的本体框

图 6-15　本体框的画法（电阻和电容）

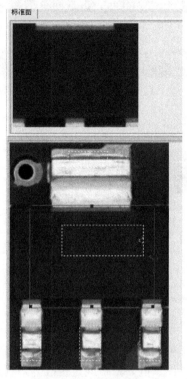

（a）大功率管本体　　　　　　　　　　　　　（b）SOP 元件本体

图 6-16　本体框的画法（三极管和 SOP 元件）

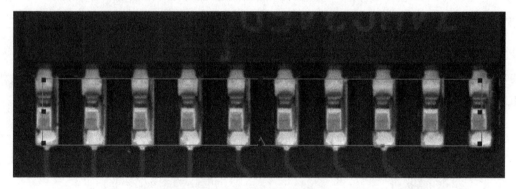

图 6-17　短路框的画法

上下两边包住 IC 脚及焊盘即可，左右两边则摆在最边上两个 IC 脚的中间，因为有一些特别的 IC 元件最边上的两个脚焊盘相对较大，如果全部框起来可能出现宽于 IC 脚的宽度，出现误报。

短路框在外围就已经画好，进入注册标准界面只需 IC 脚分析定义就行了。

选择 IC 脚注册框，选取一个标准 IC 脚，从元件本体的内部向外画，使得注册框的极性三角箭头指向元件本体。画好后用选中检测点自动添加，完成注册标准。

⑤ 焊点框的画法。如图 6-18～图 6-20 所示，焊点框主要用于检测焊点的上锡情况，画框时须框住大部分焊盘位置，一般来说，75%的上锡才算合格，因此在画框时焊点框 75%为焊盘大小，另外还需要清楚地看到上锡点的位置。

图 6-18　电容、电阻和三极管的焊点

图 6-19　SOP 元件的焊点

图 6-20　QFP 元件的焊点

对于 SOP 与 QFP 元件的 IC 脚，尽可能地画长一些，IC 脚与焊盘各占一半，宽度刚好比 IC 脚多出一点点，这种做法的目的是更方便检测出 IC 脚翘脚，在视觉效果下，如果 IC 脚翘起，就会产生一个远近的大小差异，IC 脚会变短变粗，同时，最明显的变化还在于焊盘的变化，如果是正常上锡，焊锡会均匀地往上爬，如果 IC 翘脚，IC 脚下面会出现小山丘的焊点，会呈现出红黄的颜色分布，这样通过图像对比就会很容易区别出来。

接下来就常用的元件画框举例。

（1）电容。选择元件功能框中的"电容"栏，如图 6-21 所示。

从元件本体的左上角画起，拉到右下角，刚好红色本体框将电容本体框完全框住，如图 6-22 所示。

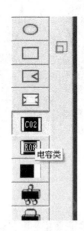

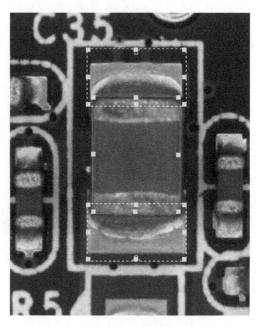

图 6-21　选择元件功能框中的"电容"栏　　　　　　　　图 6-22　电容本体框

右击元件框（或者使用 Alt+R 组合键）进行注册标准，如图 6-23 所示。

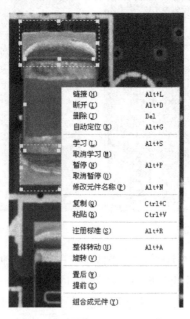

图 6-23　注册标准

从图 6-24 所示的对话框内可以看到，电容类元件框有三个框，两个焊点框加一个本体框，焊点框摆放的位置位于本体框上下略窄的位置，左右宽度为焊点部分要占到总框的 75% 以上，在焊点的一端必须要看到清晰的上锡点，如图 6-25 所示。

本体框在画框时就自动拉好，就不用再调整了，选择画好的焊点框，再选择对话框中的自动链接自动定位，然后完成注册标准，这样一个电容就完成了。

（2）电阻。电阻与电容一样，只是比电容多了一个丝印框，如图 6-26 所示。

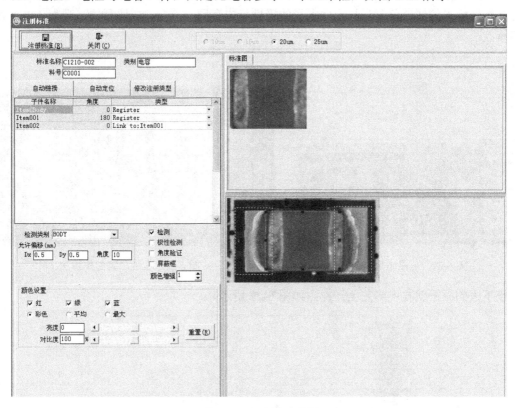

图 6-24　电容类元件框

图 6-25　焊点框摆放的位置

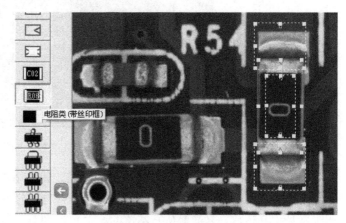

图 6-26　电阻框

选择注册标准，本体框与焊点框同电容画法一致，如图 6-27 所示，适当调整丝印框直至清楚即可。

（3）极性二脚件。极性二脚件的画法如图 6-28 所示，与电阻的画法完全一样，只是选择画框的类型上比电阻多了一个方向检测。选择元件工具栏的极性二脚件框，因极性二脚件有方向，在画框时从没有极性标志一端的角上拉向对角，让本体框框住元件本体，此时可以看到元件框的极性标志的红三角箭头与元件本身的极性标志在同一方向，方便测试时观察，也有利于程序修改。

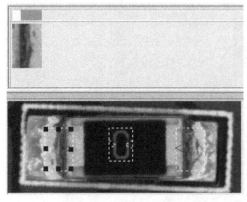

图 6-27　电阻本体框

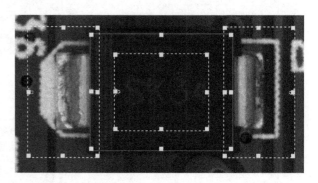

图 6-28　极性二脚件的画法

接下来的画框就与电阻完全一样，如图 6-29 所示。

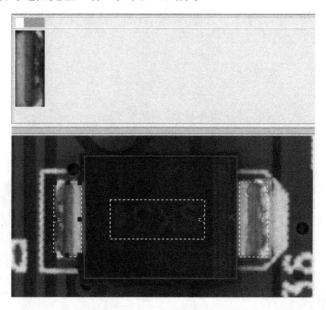

图 6-29　极性二脚件的画框

（4）三极管。选择元件工具栏的三极管框，如图 6-30 所示，在将元件摆正时的左上角拉到右下角，这样画框的目的是为了一次性将元件框对好方向而不需要旋转，一般情况下，如果三极管是正立摆放，只需要从它本体的左上角拉到右下角，但如果有元件倒贴或者横贴，那么画框时就要将它摆正，从摆正位置的左边画到右边，比如下列元件是倒贴着的，画框时需要从它的右下角拉到左上角，这样一拉便可一次性拉正。

三极管因本体颜色差异不是很明显，所以本体框在画框时需要框住上下脚的颜色，以保证明显的颜色差异，三极管的焊点框一般都比较大，画框的时候只需要在框内看到上锡脚与焊盘有明显的均匀蓝色连接在一起就可以了，没必要将焊盘全部包住，那样误判会比较多。

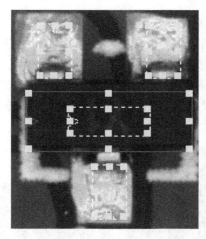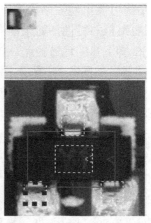

图 6-30　三极管框

（5）大功率管。选择对应的大功率管注册模块，从元件正立状态下的左上角拉到右下角，丝印框与本体框的做法和三极管相同。焊点框调整时先选取下面的小脚做标准，完成好一个脚后再自动链接自动定位，这样一来，所有的焊点框都会链接成同一个标准，再选择顶上那个大焊点，修改注册类型为单独的标准，适当调整大小并保存即可，如图 6-31 所示。

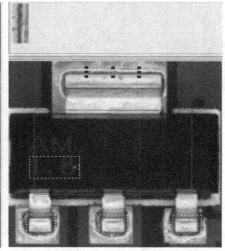

图 6-31　大功率管框

（6）四脚件与五脚件。四脚件与五脚件的画法同三极管一致，在此不作详细说明。

（7）六脚 IC 与八脚 IC。由于这两种元件在过回流焊炉时有出现短路的情况，而这两元件注册框中没有包括短路检测类别，所以这两种元件注册框基本不建议采用，均由 SOP 元件代替。

（8）SOP 元件。针对双边 IC 脚元件，通常选用 SOP 注册元件框，如图 6-32 所示，六脚和八脚 IC 建议采用此元件注册框注册，SOP 元件注册框包含了贴片元件四种框：

① 丝印框框住字体丝印即可，清楚的丝印框小一点，不清楚的丝印框可适当选择大小。

② 本体框，如果本身元器件不是很大，选择框住元件本体，上下留有明显的颜色差异，如果器件很大，不方便将整个元件框住，选择特殊标志点进行画框，只要定位时标准框不跑偏即可。

③ 短路框则是将可能出现短路的地方框住即可，注意，在短路框中，应当尽量避免框住白色橡素点，根据短路框的特性，如果框内有白色橡素点，很有可能会形成短路误判。

④ 焊点框从 IC 脚下弯的地方拉起，拉至焊盘上焊区域，宽度稍宽于 IC 脚。

对于 IC 脚的注册，如图 6-33 所示，要注意，在选择完 IC 脚分析定义之后，选取一个上锡最好的脚，从元件本体的内部画向外，使得 IC 脚框的红色箭头标志指向元件本体内部。最后选中自动添加即可。

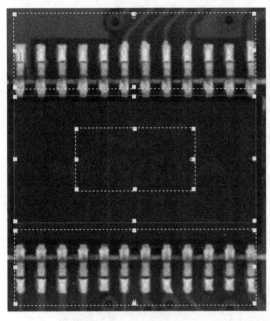

图 6-32　SOP 注册元件框　　　　　图 6-33　IC 脚的注册

（9）QFP 元件。因 QFP 与 SOP 元件注册极为相似，所以在此不做具体说明。

### 6.1.3　X 射线检测仪

#### 1．X 射线检测仪介绍

X 射线具备很强的穿透性，是最早用于各种检测场合的一种仪器。X 射线透视图可以显示焊点厚度、形状及密度分布。这些指标能充分反映焊点的焊接质量，包括开路、短路、孔、洞、内部气泡及锡量不足，并能做到定量分析。

X-Ray 测试机就是利用 X 射线的穿透性进行测试的，其结构如图 6-34 所示。

#### 2．X-Ray 检测常见的一些不良现象

（1）桥联不良，如图 6-35 所示。

（2）漏焊不良，如图 6-36 所示。

（3）缺焊不良，如图 6-37 所示。

（4）焊点不充分饱满，如图 6-38 所示。

（5）焊点畸形，如图 6-39 所示。

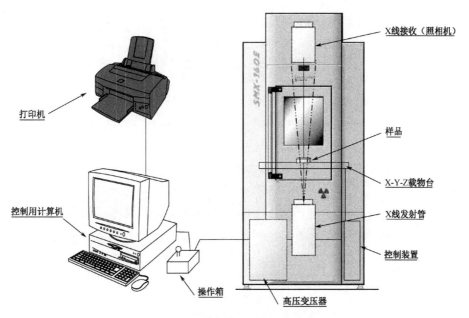

图 6-34　微焦 X 射线 T V 透视检查装置的构造

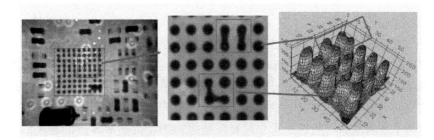

图 6-35　桥联不良

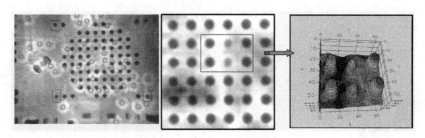

图 6-36　漏焊不良

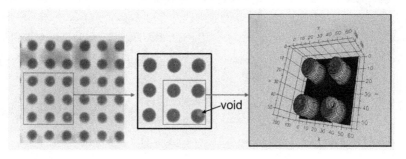

图 6-37　缺焊不良

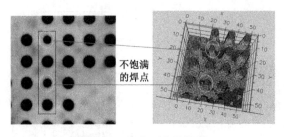

图 6-38 焊点不充分饱满

不饱满
的焊点

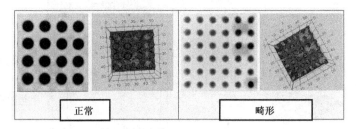

正常 畸形

图 6-39 焊点畸形

### 6.1.4 在线测试仪

在线测试仪（In Circuit Tester，ICT）结构如图 6-40 所示，在线测试属于接触式检测技术，也是生产中测试最基本的方法之一，由于它具有很强的故障诊断能力而广泛使用。

通常将 SMA 放置在专门设计的针床夹具上，如图 6-41 所示，安装在夹具上的弹簧测试探针与组件的引线或测试焊盘接触，由于接触了板子上所有网络点，所有仿真和数字器件均可以单独测试，并可以迅速诊断出故障器件。ICT 使用范围广，测量准确性高，对检测出的问题指示明确，即使电子技术水准一般的工人处理有问题的 PCBA 也非常容易。使用 ICT 能极大地提高生产效率，降低生产成本，在线测试仪检出故障覆盖率可达 95%，其在生产线上的合理配置能够尽早发现制造故障并及时维修，或对生产工艺进行及时调整，有效降低因制造带有故障的产品及返修所需的费用。

图 6-40 在线测试仪结构

图 6-41 在线测试仪工具制作

### 6.1.5 功能测试

ICT 能够有效地查找在 SMT 组装过程中发生的各种缺陷和故障，但是它不能够评估整个线路板所组成的系统在时钟速度上的性能。功能测试需要制作如图 6-42 所示的工具，功能测试可以测试整个系统是否能够实现设计目标，它将线路板上的被测单元作为一个功能体，对其提供输入信号，按照功能体的设计要求检测输出信号。这种测试是为了确保线路板能否按照设计要求正常工作。所以功能测试最简单的方法，是将组装好的某电子设备上的专用线路板连接到该设备的适当电路上，然后加电压，如果设备正常工作，就表明线路板合格。这种方法简单、投资少，但不能自动诊断故障。

图 6-42　功能测试仪工具制作

# 6.2　SMT 产品可靠性检测

## 6.2.1　来料检测

### 1. 元器件来料检测

检测方式：抽样检测。

抽样方案：

元器件类：按照 GB 2828—87 正常检查，一次抽样方案，一般检查水平 Ⅱ 进行。

非元器件类：按照 GB 2828—87 正常检查，一次抽样方案，特殊检查水平 Ⅲ 进行。

盘带包装物料按每盘取 3 只进行测试。

合格质量水平：A 类不合格，AQL=0.4；B 类不合格，AQL=1.5；替代法测试的物料必须全部满足指标要求。

定义：

A 类不合格：指对本公司产品性能、安全、利益有严重影响不合格项目。

B 类不合格：指对本公司产品性能影响轻微可限度接受的不合格项目。

检验仪器、仪表、量具的要求：

所有的检验仪器、仪表、量具必须在校正计量期内。

检验结果记录在"IQC 来料检测报告"中。

（1）元器件性能和外观质量检测。元器件性能和外观质量对 SMA 可靠性有直接影响。对元器件来料首先要根据有关标准和规范对其进行检查。并要特别注意元器件性能、规格、包装等是否符合订货要求，是否符合产品性能要求，是否符合组装工艺和组装设备要求，是否符合存储要求等。

（2）元器件可焊性检测。元器件引脚（电极端子）的可焊性是影响 SMA 焊接可靠性的主要因素，导致可焊性发生问题的主要原因是元器件引脚表面氧化。由于氧化较易发生，为保证焊接可靠性，一方面要采取措施防止元器件在焊接前长时间暴露在空气中，并避免其长期储存等；另一方面在焊接前要注意对其进行可焊性测试，以便及时发现问题和进行处理。

可焊性测试最原始的方法是目测评估，基本测试流程为：将样品浸渍于焊剂，取出去除多余焊剂后再浸渍于熔融焊料槽，浸渍时间达到实际生产焊接时间的两倍左右时取出进行目测评估。这种测试实验通常采用浸渍测试仪进行，可以按规定精度控制样品浸渍深度、速度和浸渍停留时间。

（3）其他要求。元器件应有良好的引脚共面性，基本要求是不大于 0.1mm，特殊情况下可放宽至与引脚厚度相同。

表面组装技术是在 PCB 表面组装元器件，为此，对元器件引脚共面性有比较严格的要求。一般规定必须在 0.1mm 的公差区内。这个公差区由两个平面组成，一个是 PCB 的焊区平面，一个是器件引脚平面。如果器件所有引脚的 3 个最低点所处同一平面与 PCB 的焊区平面平行，各引脚与该平面的距离误差不超出公差范围，则贴装和焊接可以可靠进行，否则可能会出现引脚虚焊、缺焊等焊接故障。

元器件引脚或焊端的焊料涂料层厚度应满足工艺要求，建议大于 8μm，涂镀层中锡含量应为 60%～63%。

元器件的尺寸公差应符合有关标准的规定，并能满足焊盘设计、贴装、焊接等工序的要求。

元器件必须能在 215℃下能承受 10 个焊接周期的加热。一般每次焊接应能耐受的条件是：气相再流焊为 215℃，60s；红外再流焊为 230℃，20s；波峰焊为 260℃，10s。元器件应在清洗的温度下（大约 40℃）具有耐溶剂性，例如在氟里昂中停留至少 4min。在超声小波清洗的条件下能在频率为 40kHz、功率为 20W 超声波中停留至少 1min，标记不脱落，且不影响元器件性能和可靠性。

## 2．PCB 板的来料检测

（1）PCB 尺寸和外观检测。PCB 尺寸检测内容主要有加工孔的直径、间距及其公差，PCB 边缘尺寸等。

外观缺陷检测内容主要有：阻焊膜和焊盘对准情况；阻焊膜是否有杂质、剥离、起皱等异常状况；基准标记是否合格；电路导体宽度（线宽）和间距是否符合要求；多层板是否有剥层等。实际应用中，常采用 PCB 外观测试专用设备对其进行检测。典型设备主要由计算机、自动工作台、图像处理系统等部分组成。这种系统能对多层板的内层和外层、单/双面板、底图胶片进行检测；能检出断线、搭线、划痕、针孔、线宽、线距、边沿粗糙及大面积缺陷等。

（2）PCB 的翘曲和扭曲检测。设计不合理和工艺过程处理不当都有可能造成 PCB 翘曲和扭曲，其测试方法在 IPC-TM-650 等标准中有规定。测试原理基本为：将被测试 PCB 暴露在组装工艺具有代表性的热环境中，对其进行热应力测试。典型的热应力测试方法是旋转浸渍测试和焊料漂浮测试，在这种测试方法中，将 PCB 浸渍在熔融焊料中一定时间，然后取出进行翘曲和扭曲检测。

人工测量 PCB 翘曲和扭曲的方法是：将 PCB 的 3 个角紧贴桌面，然后测量第四个角距桌面的距离。这种方法只能进行粗略测估，更有效的方法还有应用波纹影像技术等。

（3）PCB 的可焊性测试。PCB 的可焊性测试重点是焊盘和电镀通孔的测试，IPC-S-804 等标准中规定有 PCB 的可焊性测试方法，它包含边缘浸渍测试、旋转浸渍测试、波峰浸渍测试和焊料珠测试等。边缘浸渍测试用于测试表面导体的可焊性；旋转浸渍测试和波峰浸渍测试用于表面导体和电镀通孔的可焊性测试；焊料珠测试仅用于电镀通孔的可焊性测试。

（4）PCB 阻焊膜完整性测试。在 SMT 用的 PCB 上一般采用干膜阻焊膜和光学成像阻焊膜，这两种阻焊膜具有高的分辨率和不流动性。干膜阻焊膜是在压力和热的作用下层压在 PCB 上的，它需要清洁的 PCB 表面和有效的层压工艺。这种阻焊膜在锡-铅合金表面的黏性较差，在再流焊产生的热应力冲击下，常常会出现从 PCB 表面剥层和断裂的现象；这种阻焊膜也较脆，进行整平时受热和机械力的影响可能会产生微裂纹；另外，在清洗剂的作用下也有可能产生物理和化学损坏。为了暴露干膜阻焊膜这些潜在缺陷，应在来料检测中对 PCB 进行严格的热应力试验。这种检测多采用焊料漂浮试验，时间约为 10～15s，焊料温度约为 260～288℃。当试验时观察不到阻焊膜剥层现象，可将 PCB 试件在试验后浸入水中，利用水在阻焊膜与 PCB 表面之间的毛细管作用观察阻焊膜剥层现象。还可将 PCB 试件在试验后浸入 SMA 清洗溶剂中，观察其与溶剂有无物理的和化学的作用。

（5）PCB 内部缺陷检测。检测 PCB 的内部缺陷一般采用显微切片技术，其具体检测方法在 IPC-TM-650 等相关标准中有明确规定。PCB 在焊料漂浮热应力试验后进行显微切片检测，主要检测项目有铜和锡-铅合金镀层的厚度、多层板内部导体层间对准情况、层压空隙和铜裂纹等。

### 3. 锡膏的来料检测

焊膏来料检测的主要内容有金属百分含量、焊料球、黏度、金属粉末氧化物含量等。

（1）金属百分含量。在 SMT 的应用中，通常要求焊膏中的金属百分含量在 85%～92%范围内，常采用的检测方法为：

① 取焊膏样品 0.1g 放入坩埚；

② 加热坩埚和焊膏；

③ 使金属固化并清除焊剂剩余物；

④ 称量金属重量：

$$金属百分含量=金属重量/焊膏重量\times100\%$$

（2）焊料球。常采用的焊料球检测方法为：

① 在氧化铝陶瓷或 PCB 基板的中心涂覆直径为 12.7mm、厚度为 0.2mm 的焊膏图形；

② 将该样件按实际组装条件进行烘干和再流；

③ 焊料固化后进行检查。

（3）黏度。SMT 用焊膏的典型黏度是 200～800Pa·s，对其产生影响的主要因素是焊剂、金属百分含量、金属粉末颗粒形状和温度。一般采用旋转式黏度剂测量焊膏的黏度，测量方法可见相关测试设备的说明。

（4）金属粉末氧化物含量。金属粉末氧化物是形成焊料球的主要因素，采用俄歇分析法能定量检测金属粉末氧化物含量。但价格贵且费时，常采用下列方法进行金属粉末氧化物含量的定性测试和分析：

① 称取 10g 焊膏放在装有足够花生油的坩埚中；

② 在 210℃的加热炉中加热并使焊膏再流，这期间花生油从焊膏中萃取焊剂，使焊剂不能从金属粉末中清洗氧化物，同时还防止了在加热和再流期间金属粉末的附加氧化；

③ 将坩埚从加热炉中取出，并加入适当的溶剂溶解剩余的油和焊剂；

④ 从坩埚中取出焊料，目测即可发现金属表面氧化层和氧化程度；

⑤ 估计氧化物覆盖层的比例，理想状态是无氧化物覆盖层，一般要求氧化物覆盖层不超过 25%。

### 6.2.2 SMT 工艺过程检测

#### 1. 锡膏印刷检测

锡膏印刷品质是产生 SMT 不良产品的主要影响因素，据统计有约 66%的不良品可以追溯到锡膏印刷品质，有 15%的不良品来自于再流焊，其余的不良品来自于贴片机和原材料等，由此可见，锡膏印刷品质的好坏是电子产品好坏的主要影响因素。

锡膏印刷品质的主要影响因素包括以下几点。

① 钢网质量：钢网厚度与开口尺寸确定了锡膏的印刷。锡膏量过多会产生桥接，锡膏量过少会产生锡膏不足或虚焊。钢网开口形状及开孔壁是否光滑也会影响脱模质量。

② 锡膏质量：锡膏的黏度、印刷性（滚动性、转移性）、常温下的使用寿命等都会影响质量。

③ 印刷工艺参数：刮刀速度、压力、刮刀与网板的角度以及锡膏的黏度之间存在的一定制约关系，因此只有正确控制这些参数，才能保证锡膏的印刷质量。

④ 设备精度：在印刷高密度细间距产品时，印刷机的印刷精度和重复印刷精度也会起一定影响。

⑤ 环境温度、湿度及环境卫生：环境温度过高会降低锡膏的黏度，湿度过大时锡膏会吸收空气中的水分，湿度过小时会加速锡膏中溶剂的挥发，环境中灰尘混入锡膏中会使焊点产生针孔等缺陷。

⑥ 基板支撑位置的分布：机板支撑绝对与印刷结果有关，利用两支刮刀来回刮印如大部分锡膏被刮走，残余未被刮走的部分就是支撑不良，容易出现连锡。

（1）标准定义。

允收标准（Accept Criterion）：允收标准包括理想状况、允收状况、拒收状况三种状况。

理想状况（Target Condition）：此组装情形接近理想与完美的组装结果。能有良好组装可靠度，判定为理想状况。

允收状况（Accept Condition）：此组装情形未符合接近理想状况，但能维持组装可靠度，故视为合格状况，判定为允收状况。

拒收状况（Reject Condition）：此组装情形未能符合标准，其有可能影响产品的功能性，基于外观因素和维持本公司产品的竞争力，判定为拒收状况。

（2）缺点定义。

致命缺点（Critical Defect）：指缺点足以造成人体伤害或机器损伤害，或危及生命财产安全等。

主要缺点（Major Defect）：指缺点造成制品的实质功能已失去实用性或造成可靠度降低，导致产品损坏、功能不良。

次要缺点（Minor Defect）：指缺点实质上并未降低制品实用性，且仍能达到所期望目的，一般为外观或机构组装上的差异。

（3）引用文件。IPC-A-610B：机板组装国际规范。

（4）检验环境准备。

照明：室内照明 800LUX 以上，必要时以 3 倍以上（含）放大照灯检验确认。

ESD 防护：凡接触 PCBA 必须配带良好静电防护措施（配戴干净手套与防静电手环接上静电接地线）。

检验前需先确认所使用工作平台清洁。

锡膏印刷检测规格如表 6-2 所示。

表 6-2　锡膏印刷检测规格

| 印刷规格示范 | 备　注 |
|---|---|
| 1. Chip 料锡浆印刷规格示范： | |
| （a）Chip 料锡浆印刷标准 | 标准：<br>（1）锡浆无偏移；<br>（2）锡浆量、厚度符合要求；<br>（3）锡浆成型佳，无崩塌断裂；<br>（4）锡浆覆盖焊盘 90%以上 |
| （b）Chip 料锡浆印刷允收 | 允收：<br>（1）钢网的开孔有缩孔，但锡浆仍有 85%覆盖焊盘；<br>（2）锡浆量均匀；<br>（3）锡浆厚度在要求规格内 |
| （c）Chip 料锡浆印刷拒收 | 拒收：<br>（1）锡浆量不足；<br>（2）两点锡浆量不均；<br>（3）锡浆印刷偏移超过 15%焊盘 |

| 印刷规格示范 | 备　注 |
|---|---|
| **2. SOT 元件锡浆印刷规格示范** | |
| <br>（a）SOT 锡浆印刷标准 | 标准：<br>（1）锡浆无偏移；<br>（2）锡浆完全覆盖焊盘；<br>（3）三点锡浆均匀；<br>（4）厚度满足测试要求 |
| <br>（b）SOT 锡浆印刷允收 | 允收：<br>（1）锡浆量均匀且成型佳；<br>（2）锡浆厚度符合规格要求；<br>（3）有 85%以上锡浆覆盖焊盘；<br>（4）印刷偏移量少于 15% |
| <br>（c）SOT 锡浆印刷拒收 | 拒收：<br>（1）锡浆 85%以上未覆盖焊盘；<br>（2）有严重缺锡 |
| **3. 二极管、电容等锡浆印刷规格示范** | |
| <br>（a）二极管、电容锡浆印刷标准 | 标准：<br>（1）锡浆印刷成型佳；<br>（2）锡浆印刷无偏移；<br>（3）锡浆厚度测试符合要求；<br>（4）如此开孔可以使热气排除，以免造成气流使元件偏移 |
| <br>（b）二极管、电容锡浆印刷效果允收 | 允收：<br>（1）锡浆量足；<br>（2）锡浆覆盖焊盘有 85%以上；<br>（3）锡浆成型佳 |
| <br>（c）二极管、电容锡浆印刷效果拒收 | 拒收：<br>（1）15%以上锡浆未完全覆盖焊盘；<br>（2）锡浆偏移超过 20%焊盘 |

| 印刷规格示范 | 备　注 |
|---|---|
| **4. 焊盘间距为 1.25mm 锡浆印刷规格示范** | |
| <br>（a）焊盘间距为 1.25mm 锡浆印刷标准 | 标准：<br>（1）各锡浆几乎完全覆盖各焊盘；<br>（2）锡浆量均匀，厚度在测试范围内；<br>（3）锡浆成型佳，无缺锡、崩塌 |
| <br>（b）焊盘间距为 1.25mm 锡浆印刷允收 | 允收：<br>（1）锡浆印刷成型佳；<br>（2）虽有偏移，但未超过 15%焊盘；<br>（3）锡浆厚度测试符合要求 |
| <br>（c）焊盘间距为 1.25mm 锡浆印刷拒收 | 拒收：<br>（1）锡浆偏移量超过 15%焊盘；<br>（2）元件放置后会造成短路 |
| **5. 焊盘间距为 0.8～1.0mm 锡浆印刷规格示范** | |
| <br>（a）焊盘间距为 0.8～1.0mm 锡浆印刷标准 | 标准：<br>（1）锡浆无偏移；<br>（2）锡浆 100%覆盖于焊盘上；<br>（3）各焊盘锡浆成型良好，无崩塌现象；<br>（4）各点锡浆均匀，测试厚度符合要求 |
| <br>（b）焊盘间距为 0.8～1.0mm 锡浆印刷允收 | 允收：<br>（1）锡浆虽成型不佳，但仍未将元件脚包满锡；<br>（2）各点锡浆偏移未超过 15%焊盘 |
| <br>（c）焊盘间距为 0.8～1.0mm 锡浆印刷拒收 | 拒收：<br>（1）锡浆印刷不良；<br>（2）锡浆未充分覆盖焊盘，焊盘裸露超过 15%以上 |

| 印刷规格示范 | 备　注 |
|---|---|

**6. 焊盘间距为 0.7mm 锡浆印刷规格示范**

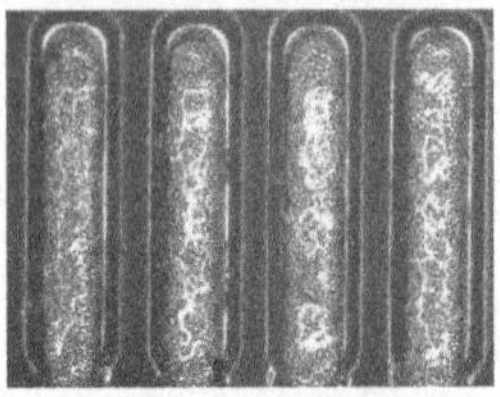

（a）焊盘间距为 0.7mm 锡浆印刷标准

标准：

（1）锡浆量均匀且成型佳；

（2）焊盘被锡浆全部覆盖；

（3）锡浆印刷无偏移；

（4）测试厚度符合要求

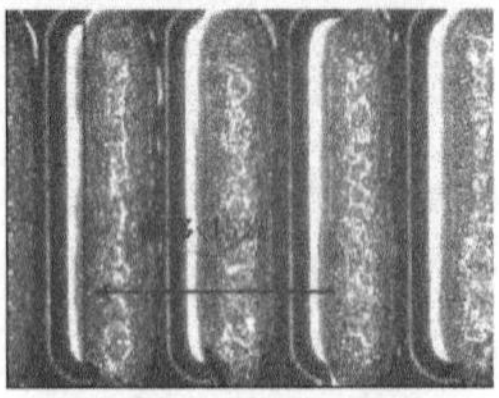

（b）焊盘间距为 0.7mm 锡浆印刷允收

允收：

（1）锡浆成型佳，无崩塌、断裂；

（2）各点锡浆偏移未超过 15% 焊盘；

（3）锡浆厚度测试在规格内

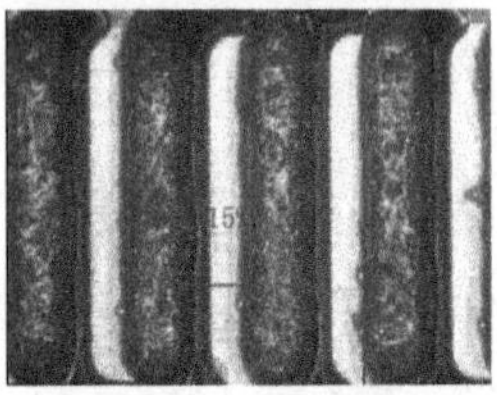

（c）焊盘间距为 0.7mm 锡浆印刷拒收

拒收：

（1）焊盘超过 15% 未覆盖锡浆；

（2）锡浆几乎覆盖两条焊盘，炉后易造成短路；

（3）锡浆印刷形成桥接

**7. 焊盘间距为 0.65mm 锡浆印刷规格示范**

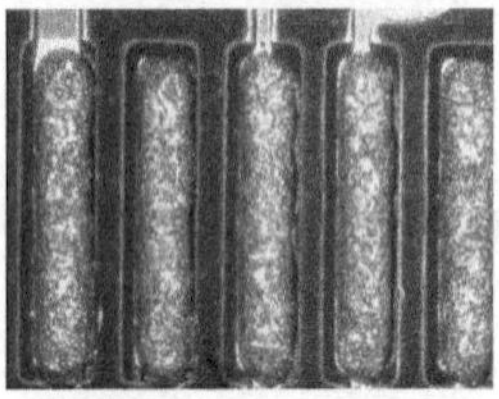

（a）焊盘间距为 0.65mm 锡浆印刷标准

标准：

（1）各焊盘锡浆印刷均 100% 覆盖焊盘上；

（2）锡浆成型佳，无崩塌现象；

（3）测试厚度符合要求

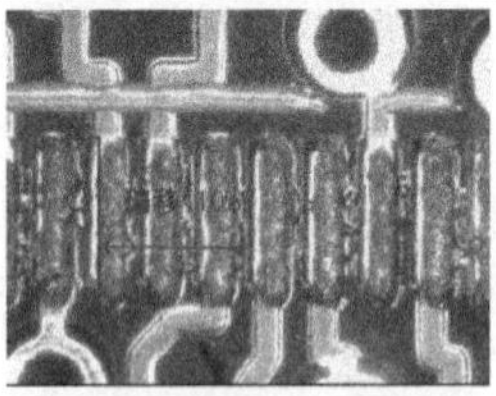

（b）焊盘间距为 0.65mm 锡浆印刷允收

允收：

（1）锡浆成型佳；

（2）锡浆厚度测试在规格内；

（3）锡浆偏移量小于 10% 焊盘

（c）焊盘间距为 0.65mm 锡浆印刷拒收

拒收：

（1）锡浆印刷偏移量大于 10% 焊盘宽；

（2）过再流焊炉后易造成短路

| 印刷规格示范 | 备　注 |
|---|---|
| 8. 焊盘间距为 0.5mm 锡浆印刷规格示范 | |
| （a）焊盘间距为 0.5mm 锡浆印刷标准 | 标准：<br>（1）各焊盘印刷锡浆成型佳，无崩塌及缺锡；<br>（2）锡浆 100%覆盖于焊盘上；<br>（3）测试厚度符合要求 |
| （b）焊盘间距为 0.5mm 锡浆印刷允收 | 允收：<br>（1）锡浆成型虽略微不佳，但厚度于规格内；<br>（2）锡浆无偏移；<br>（3）炉后无少锡、假焊现象 |
| （c）焊盘间距为 0.5mm 锡浆印刷拒收 | 拒收：<br>（1）锡浆成型不良，且断裂；<br>（2）锡浆塌陷；<br>（3）两锡浆相撞，形成桥接 |

## 2. 贴片检测

在元件的贴装环节中，常常会出现元器件漏贴、错贴、偏移歪斜、极性相反等不良现象，为保证表面贴片元器件准确地贴放到指定位置，并达到贴装质量的要求，需要在贴装工艺中对元器件的贴片进行检测。

贴片检测规格如表 6-3 所示。

表 6-3　贴片检测规格

| 检测规格示范 | 备　注 |
|---|---|
| 1. 芯片状（Chip）零件的对准度（组件 X 方向） | |
| （a） | 理想状况：<br>　芯片状零件恰能坐落在焊垫的中央且未发生偏出，所有各金属封头都能完全与焊垫接触。 |

| 检测规格示范 | 备　注 |
|---|---|
| 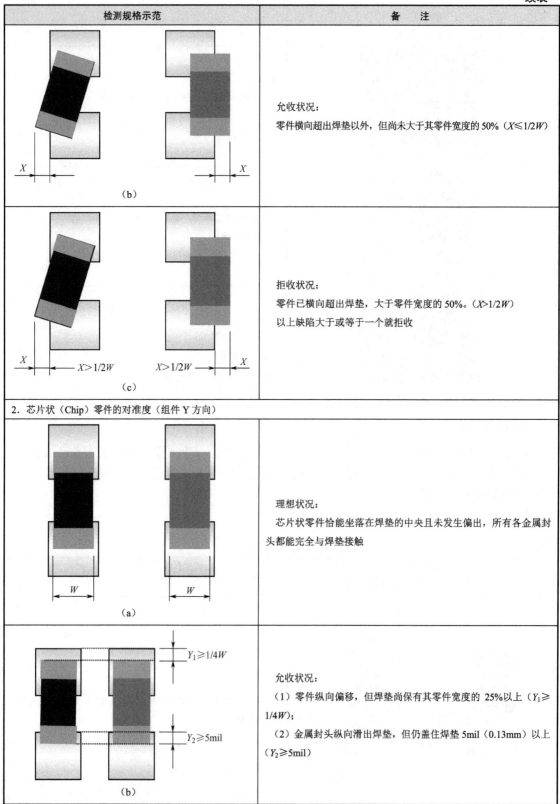<br>（b） | 允收状况：<br>零件横向超出焊垫以外，但尚未大于其零件宽度的50%（$X \leqslant 1/2W$） |
| （c） | 拒收状况：<br>零件已横向超出焊垫，大于零件宽度的50%。（$X > 1/2W$）<br>以上缺陷大于或等于一个就拒收 |
| **2. 芯片状（Chip）零件的对准度（组件 Y 方向）** | |
| （a） | 理想状况：<br>芯片状零件恰能坐落在焊垫的中央且未发生偏出，所有各金属封头都能完全与焊垫接触 |
| （b） | 允收状况：<br>（1）零件纵向偏移，但焊垫尚保有其零件宽度的 25%以上（$Y_1 \geqslant 1/4W$）；<br>（2）金属封头纵向滑出焊垫，但仍盖住焊垫 5mil（0.13mm）以上（$Y_2 \geqslant 5$mil） |

| 检测规格示范 | 备　　注 |
|---|---|
| 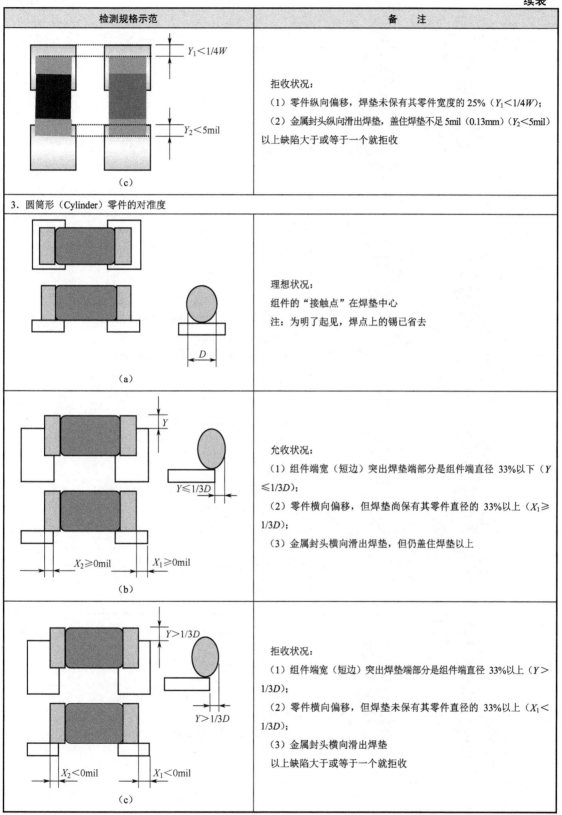 | 拒收状况：<br><br>（1）零件纵向偏移，焊垫未保有其零件宽度的25%（$Y_1 < 1/4W$）；<br><br>（2）金属封头纵向滑出焊垫，盖住焊垫不足5mil（0.13mm）（$Y_2 < 5$mil）<br>以上缺陷大于或等于一个就拒收 |
| 3. 圆筒形（Cylinder）零件的对准度 | |
| | 理想状况：<br><br>组件的"接触点"在焊垫中心<br><br>注：为明了起见，焊点上的锡已省去 |
| | 允收状况：<br><br>（1）组件端宽（短边）突出焊垫端部分是组件端直径33%以下（$Y \leqslant 1/3D$）；<br><br>（2）零件横向偏移，但焊垫尚保有其零件直径的33%以上（$X_1 \geqslant 1/3D$）；<br><br>（3）金属封头横向滑出焊垫，但仍盖住焊垫以上 |
| | 拒收状况：<br><br>（1）组件端宽（短边）突出焊垫端部分是组件端直径33%以上（$Y > 1/3D$）；<br><br>（2）零件横向偏移，但焊垫未保有其零件直径的33%以上（$X_1 < 1/3D$）；<br><br>（3）金属封头横向滑出焊垫<br>以上缺陷大于或等于一个就拒收 |

| 检测规格示范 | 备　注 |
|---|---|
| **4. 鸥翼（Gull-Wing）零件脚面的对准度** | |

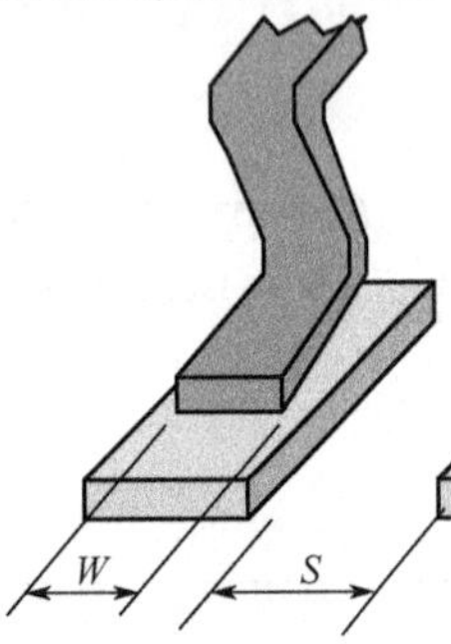

（a）

理想状况：

各接脚都能坐落在各焊垫的中央，而未发生偏滑

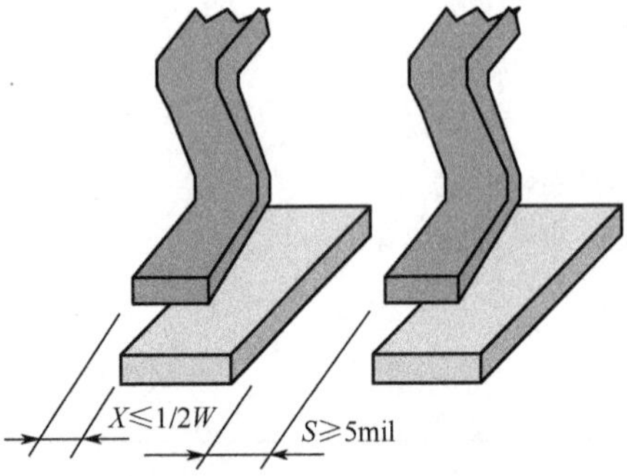

（b）

允收状况：

（1）各接脚已发生偏滑，所偏出焊垫以外的接脚，尚未超过接脚本身宽度的 $1/2W$（$X \leqslant 1/2W$）；

（2）偏移接脚的边缘与焊垫外缘的垂直距离 $\geqslant 5\text{mil}$

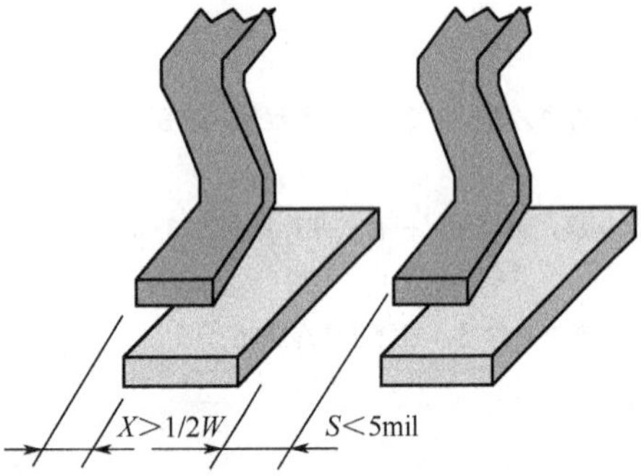

（c）

拒收状况：

（1）各接脚已发生偏滑，所偏出焊垫以外的接脚，已超过接脚本身宽度的 $1/2W$（$X > 1/2W$）；

（2）偏移接脚的边缘与焊垫外缘的垂直距离 $< 5\text{mil}$（$0.13\text{mm}$）（$S < 5\text{mil}$）；

以上缺陷大于或等于一个就拒收

| **5. 鸥翼（Gull-Wing）零件脚趾的对准度** | |

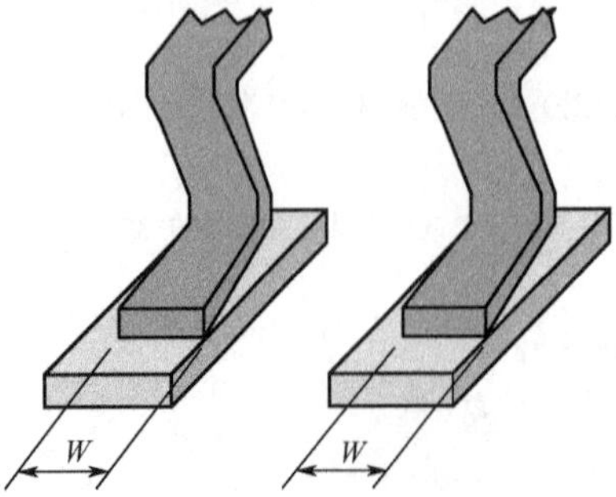

（a）

理想状况：

各接脚都能坐落在各焊垫的中央，而未发生偏滑

| 检测规格示范 | 备 注 |
|---|---|
| 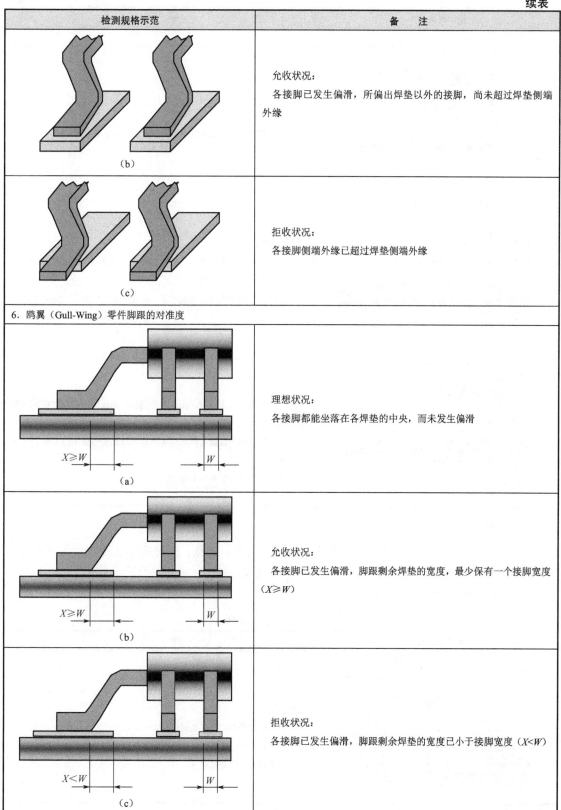<br>（b） | 允收状况：<br><br>各接脚已发生偏滑，所偏出焊垫以外的接脚，尚未超过焊垫侧端外缘 |
| （c） | 拒收状况：<br><br>各接脚侧端外缘已超过焊垫侧端外缘 |
| 6. 鸥翼（Gull-Wing）零件脚跟的对准度 | |
| （a） $X \geqslant W$ $W$ | 理想状况：<br><br>各接脚都能坐落在各焊垫的中央，而未发生偏滑 |
| （b） $X \geqslant W$ $W$ | 允收状况：<br><br>各接脚已发生偏滑，脚跟剩余焊垫的宽度，最少保有一个接脚宽度（$X \geqslant W$） |
| （c） $X < W$ $W$ | 拒收状况：<br><br>各接脚已发生偏滑，脚跟剩余焊垫的宽度已小于接脚宽度（$X < W$） |

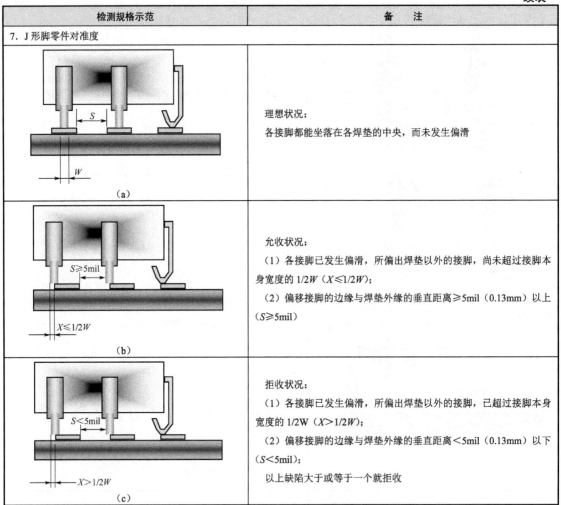

| 检测规格示范 | 备　注 |
|---|---|
| **7．J形脚零件对准度** | |
| （a） | 理想状况：<br>各接脚都能坐落在各焊垫的中央，而未发生偏滑 |
| （b） | 允收状况：<br>（1）各接脚已发生偏滑，所偏出焊垫以外的接脚，尚未超过接脚本身宽度的 1/2W（$X \leqslant 1/2W$）；<br>（2）偏移接脚的边缘与焊垫外缘的垂直距离≥5mil（0.13mm）以上（$S \geqslant 5mil$） |
| （c） | 拒收状况：<br>（1）各接脚已发生偏滑，所偏出焊垫以外的接脚，已超过接脚本身宽度的 1/2W（$X > 1/2W$）；<br>（2）偏移接脚的边缘与焊垫外缘的垂直距离＜5mil（0.13mm）以下（$S < 5mil$）；<br>以上缺陷大于或等于一个就拒收 |

### 3．炉后检测

经过再流焊接的 PCB，常常出现少锡、氧化、空焊、锡珠、假焊等不良现象，为了确保生产的 PCB 为良品，也需对焊后的 PCB 进行必要的检测。

炉后检测规格如表 6-4 所示。

表 6-4　炉后检测规格

| 检测规格示范 | 备　注 |
|---|---|
| **1．鸥翼（Gull-Wing）脚面焊点最小量** | |
| （a） | 理想状况：<br>（1）引线脚的侧面，脚跟吃锡良好；<br>（2）引线脚与板子焊垫间呈现凹面焊锡带；<br>（3）引线脚的轮廓清楚可见 |

| 检测规格示范 | 备注 |
|---|---|
| <br>（b） | 允收状况：<br>（1）引线脚与板子焊垫间的焊锡连接很好且呈一凹面焊锡带；<br>（2）锡少，连接很好且呈一凹面焊锡带；<br>（3）引线脚的底边与板子焊垫间的焊锡带至少涵盖引线脚的95%以上 |
| <br>（c） | 拒收状况：<br>（1）引线脚的底边和焊垫间未呈现凹面焊锡带；<br>（2）引线脚的底边和板子焊垫间的焊锡带未涵盖引线脚的95%以上；<br>以上缺陷任何一个都不能接收 |

**2. 鸥翼（Gull-Wing）脚面焊点最大量**

| | |
|---|---|
| <br>（a） | 理想状况：<br>（1）引线脚的侧面，脚跟吃锡良好；<br>（2）引线脚与板子焊垫间呈现凹面焊锡带；<br>（3）引线脚的轮廓清楚可见 |
| <br>（b） | 允收状况：<br>（1）引线脚与板子焊垫间的焊锡连接很好且呈一凹面焊锡带；<br>（2）引线脚的侧端与焊垫间呈现稍凸的焊锡带；<br>（3）引线脚的轮廓可见 |
| <br>（c） | 拒收状况：<br>（1）焊锡带延伸过引线脚的顶部；<br>（2）引线脚的轮廓模糊不清；<br>以上缺陷任何一个都不能接收 |

| 检测规格示范 | 备　注 |
|---|---|

**3. 鸥翼（Gull-Wing）脚跟焊点最小量**

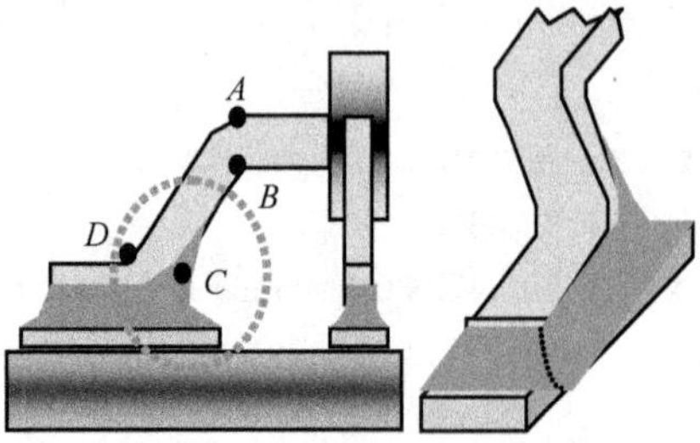

（a）

理想状况：

脚跟的焊锡带延伸到引线上弯曲处底部（B）与下弯曲处顶部（C）间的中心点。

注：A：引线上弯顶部

　　B：引线上弯底部

　　C：引线下弯顶部

　　D：引线下弯底部

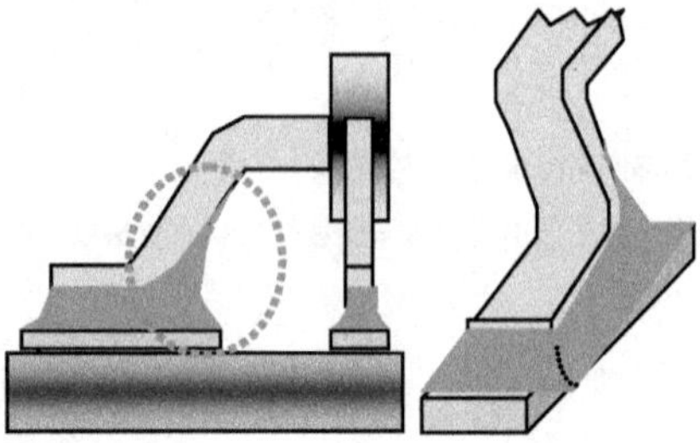

（b）

允收状况：

脚跟的焊锡带已延伸到引线上弯曲处的底部（B）

沾锡角超过 90°

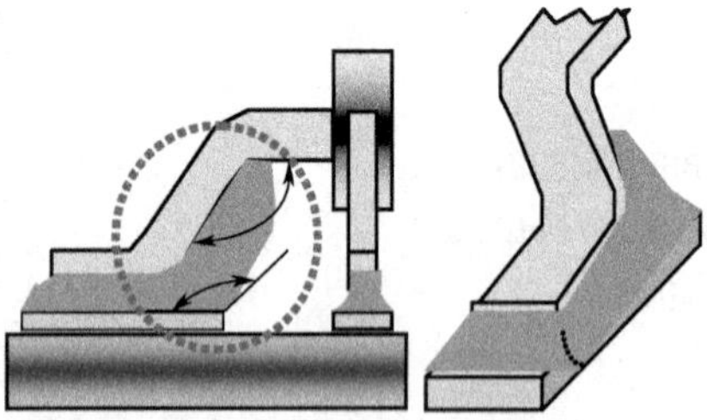

（c）

拒收状况：

脚跟的焊锡带延伸到引线上弯曲处的底部（B），延伸过高，且沾锡角超过 90°，才拒收（MI）

**4. J 形接脚零件的焊点最小量**

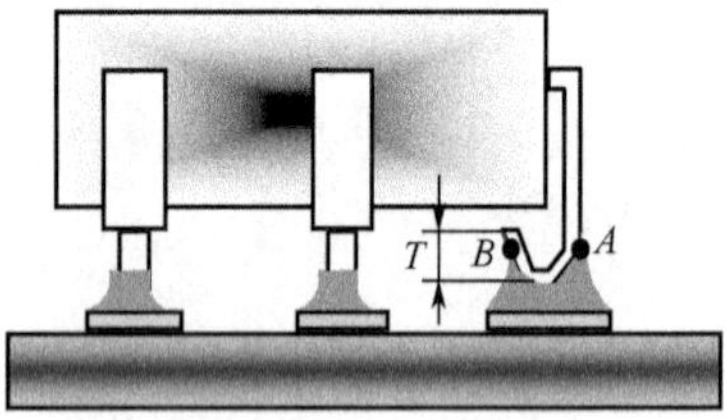

（a）

理想状况：

（1）凹面焊锡带存在于引线的四侧；

（2）焊锡带延伸到引线弯曲处两侧的顶部（A，B）；

（3）引线的轮廓清楚可见；

（4）所有的锡点表面皆吃锡良好

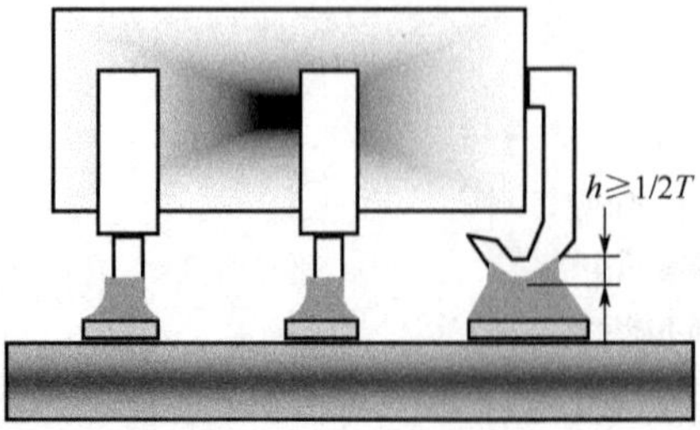

（b）

允收状况：

（1）焊锡带存在于引线的三侧；

（2）焊锡带涵盖引线弯曲处两侧的 50%以上（$h \geq 1/2T$）

| 检测规格示范 | 备　注 |
|---|---|

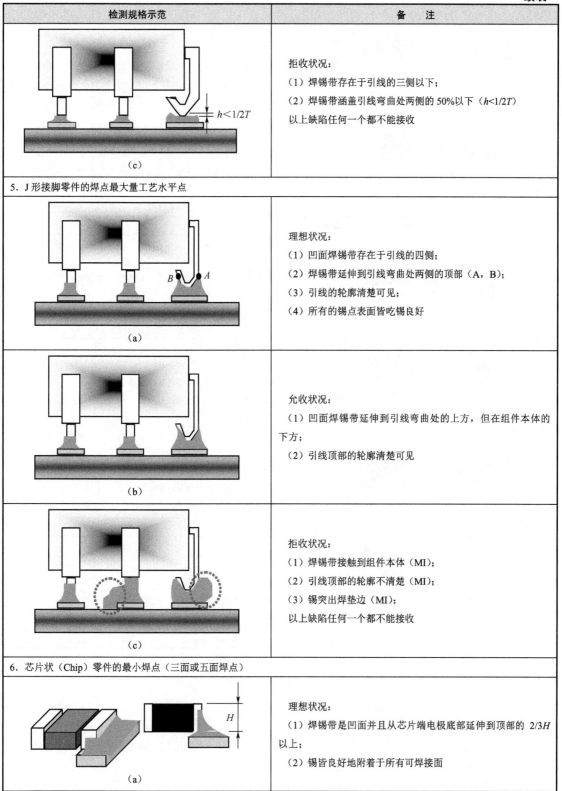

拒收状况：

（1）焊锡带存在于引线的三侧以下；

（2）焊锡带涵盖引线弯曲处两侧的 50%以下（$h<1/2T$）

以上缺陷任何一个都不能接收

**5. J形接脚零件的焊点最大量工艺水平点**

（a）

理想状况：

（1）凹面焊锡带存在于引线的四侧；

（2）焊锡带延伸到引线弯曲处两侧的顶部（A，B）；

（3）引线的轮廓清楚可见；

（4）所有的锡点表面皆吃锡良好

（b）

允收状况：

（1）凹面焊锡带延伸到引线弯曲处的上方，但在组件本体的下方；

（2）引线顶部的轮廓清楚可见

（c）

拒收状况：

（1）焊锡带接触到组件本体（MI）；

（2）引线顶部的轮廓不清楚（MI）；

（3）锡突出焊垫边（MI）；

以上缺陷任何一个都不能接收

**6. 芯片状（Chip）零件的最小焊点（三面或五面焊点）**

（a）

理想状况：

（1）焊锡带是凹面并且从芯片端电极底部延伸到顶部的 2/3H 以上；

（2）锡皆良好地附着于所有可焊接面

| 检测规格示范 | 备　注 |
|---|---|
| <br>（b） | 允收状况：<br>（1）焊锡带延伸到芯片端电极高度的 25%以上（$Y \geqslant 1/4H$）<br>（2）焊锡带从芯片外端向外延伸到焊垫的距离为芯片高度的 25%以上（$X \geqslant 1/4H$） |
| <br>（c） | 拒收状况：<br>（1）焊锡带延伸到芯片端电极高度的 25%以下（$Y < 1/4H$）；<br>（2）焊锡带从芯片外端向外延伸到焊垫端的距离为芯片高度的 25%以下（$X < 1/4H$）；<br>以上缺陷任何一个都不能接收 |

7. 芯片状（Chip）零件的最大焊点（三面或五面焊点）

| 检测规格示范 | 备　注 |
|---|---|
| <br>（a） | 理想状况：<br>（1）焊锡带是凹面并且从芯片端电极底部延伸到顶部的 $2/3H$ 以上；<br>（2）锡皆良好地附着于所有可焊接面 |
| <br>（b） | 允收状况：<br>（1）焊锡带稍呈凹面并且从芯片端电极底部延伸到顶部；<br>（2）锡未延伸到芯片端电极顶部的上方；<br>（3）锡未延伸出焊垫端；<br>（4）可看出芯片顶部的轮廓 |
| <br>（c） | 拒收状况：<br>（1）锡已超越到芯片顶部的上方；<br>（2）锡延伸出焊垫端；<br>（3）看不到芯片顶部的轮廓；<br>以上缺陷任何一个都不能接收 |

8. 焊锡性问题（锡珠、锡渣）

| 检测规格示范 | 备　注 |
|---|---|
| <br>（a） | 理想状况：<br>无任何锡珠、锡渣残留于 PCB |
| <br>（b） | 允收状况：<br>（1）锡珠、锡渣可被剥除者，直径 $D$ 或长度 $L \leqslant 5$mil（$D$、$L \leqslant 5$mil）；<br>（2）不易被剥除者，直径 $D$ 或长度 $L \leqslant 10$mil（$D$、$L \leqslant 10$mil） |

| 检测规格示范 | 备　注 |
|---|---|
| 不易被剥除者 $L>10\text{mil}$ <br><br><br>可被剥除者 $D>5\text{mil}$<br>（c） | 拒收状况：<br>（1）锡珠、锡渣可被剥除者，直径 $D$ 或长度 $L>5\text{mil}$（$D$、$L>5\text{mil}$）；<br>（2）不易被剥除者，直径 $D$ 或长度 $L>10\text{mil}$（$D$、$L>10\text{mil}$）<br>以上缺陷任何一个都不能接收 |
| **9. 卧式零件组装的方向与极性** | |
| <br>（a） | 理想状况：<br>（1）零件正确组装于两锡垫中央；<br>（2）零件的文字印刷标示可辨识；<br>（3）非极性零件文字印刷的辨识排列方向统一（由左至右，或由上至下） |
| <br>（b） | 允收状况：<br>（1）极性零件与多脚零件组装正确；<br>（2）组装后，能辨识出零件的极性符号；<br>（3）所有零件按规格标准组装于正确位置；<br>（4）非极性零件组装位置正确，但文字印刷的辨识排列方向未统一（R1、R2） |
| <br>（c） | 拒收状况：<br>（1）使用错误零件规格（错件）；<br>（2）零件插错孔；<br>（3）极性零件组装极性错误（极反）；<br>（4）多脚零件组装错误位置；<br>（5）零件缺组装（缺件）；<br>以上缺陷任何一个都不能接收 |
| **10. 立式零件组装的方向与极性** | |
| <br>（a） | 理想状况：<br>（1）无极性零件的文字标示辨识由上至下；<br>（2）极性文字标示清晰 |

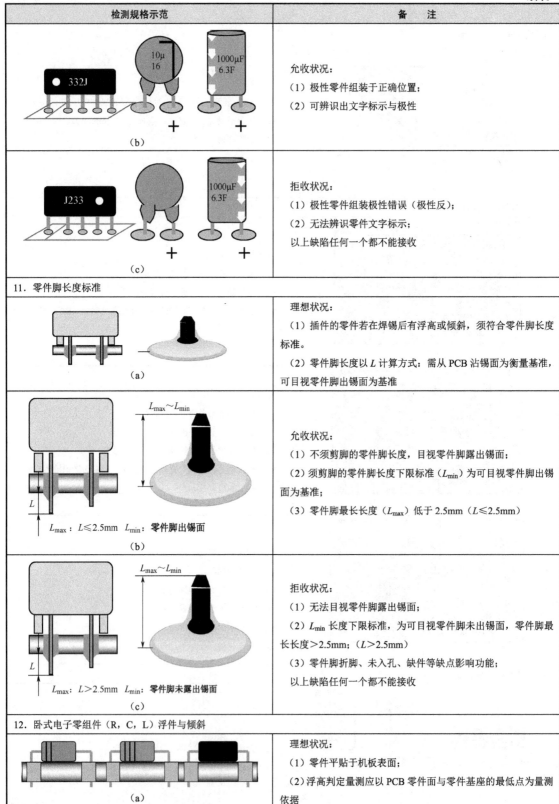

| 检测规格示范 | 备　注 |
|---|---|
| （b） | 允收状况：<br>（1）极性零件组装于正确位置；<br>（2）可辨识出文字标示与极性 |
| （c） | 拒收状况：<br>（1）极性零件组装极性错误（极性反）；<br>（2）无法辨识零件文字标示；<br>以上缺陷任何一个都不能接收 |
| **11. 零件脚长度标准** | |
| （a） | 理想状况：<br>（1）插件的零件若在焊锡后有浮高或倾斜，须符合零件脚长度标准。<br>（2）零件脚长度以 $L$ 计算方式：需从 PCB 沾锡面为衡量基准，可目视零件脚出锡面为基准 |
| （b）<br>$L_{max}$：$L \leqslant 2.5mm$　$L_{min}$：**零件脚出锡面** | 允收状况：<br>（1）不须剪脚的零件脚长度，目视零件脚露出锡面；<br>（2）须剪脚的零件脚长度下限标准（$L_{min}$）为可目视零件脚出锡面为基准；<br>（3）零件脚最长长度（$L_{max}$）低于 2.5mm（$L \leqslant 2.5mm$） |
| （c）<br>$L_{max}$：$L > 2.5mm$　$L_{min}$：**零件脚未露出锡面** | 拒收状况：<br>（1）无法目视零件脚露出锡面；<br>（2）$L_{min}$ 长度下限标准，为可目视零件脚未出锡面，零件脚最长长度>2.5mm；（$L > 2.5mm$）<br>（3）零件脚折脚、未入孔、缺件等缺点影响功能；<br>以上缺陷任何一个都不能接收 |
| **12. 卧式电子零组件（R，C，L）浮件与倾斜** | |
| （a） | 理想状况：<br>（1）零件平贴于机板表面；<br>（2）浮高判定量测应以 PCB 零件面与零件基座的最低点为量测依据 |

| 检测规格示范 | 备　注 |
|---|---|
| 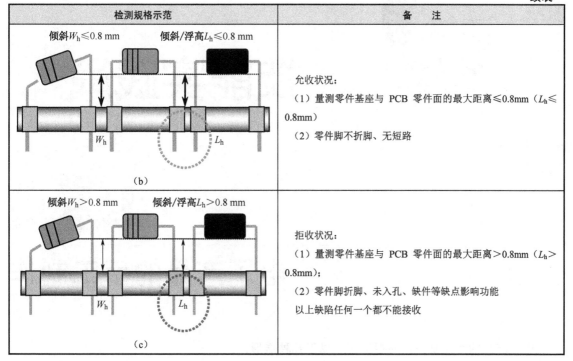 | 允收状况：<br>（1）量测零件基座与 PCB 零件面的最大距离≤0.8mm（$L_h \leqslant 0.8mm$）<br>（2）零件脚不折脚、无短路 |
| | 拒收状况：<br>（1）量测零件基座与 PCB 零件面的最大距离>0.8mm（$L_h > 0.8mm$）；<br>（2）零件脚折脚、未入孔、缺件等缺点影响功能<br>以上缺陷任何一个都不能接收 |

# 技能实践篇

## 第7章

# 电子产品的手工制作

电子产品的手工制作，主要应用于以下几种情形：

（1）由于个别元器件是散件、特殊元件没有相应供料器，或由于器件的引脚变形等原因造成不能实现在贴装机上进行贴装时，作为机器贴装后的补充贴装；

（2）新产品开发研制阶段的少量或小批量生产时；

（3）由于资金紧缺，还没有引进贴装机，同时产品的组装密度和难度不大时。

为了对手工制作的工艺过程有一个系统的了解与实践，本章设定了 8 个任务，前 7 个任务分别进行 SMT 手工制作的锡膏印刷、手工贴片、台式回流炉焊接、检测和返修等工艺过程的单元训练，第 8 个任务以 FM 贴片收音机的制作为载体，总体介绍电子产品 SMT 手工制作的全过程。

## 任务 1  锡膏的手动搅拌及存储

### 一、任务描述

现场提供锡膏两罐，搅拌器一个，锡膏专用冰箱一台。在认识锡膏的基础上完成下列内容：

（1）用搅拌器手动搅拌一罐锡膏；

（2）设置锡膏专用冰箱的参数，正确储存锡膏。

### 二、实际操作

#### 1. 锡膏的回温

从冰箱中取出锡膏，在不开启瓶盖的前提下，放置于室温中自然解冻，如图 7-1 所示。回温时间为 4 小时左右。

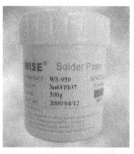

图 7-1　锡膏回温

**注意：未经充足的回温，千万不要打开瓶盖；不要用加热的方式缩短"回温"时间。**

### 2. 锡膏的手动搅拌

取出锡膏，如图 7-2 所示。锡膏在回温后，使用前要充分搅拌。手工搅拌方法为：完全、轻轻地搅拌锡膏，在相同方向以 80～90r/min 的速度搅拌。搅拌时间为 4 分钟左右。

图 7-2　取出锡膏

### 3. 锡膏的机器搅拌

锡膏搅拌机如图 7-3 所示，具体的操作内容为：

（1）把机器水平放置于工作台上，接入电源 AC 220V。

（2）将待搅拌锡膏在"锡膏、红胶使用记录表"中按要求进行登记。

（3）打开机箱锁，掀开机盖，取已解冻的锡膏两罐，分别放入两个锡膏夹具内，然后锁紧，如只搅拌一瓶锡膏，可将与锡膏重量相等的模具放入夹具内，锡膏放入另一个夹具内，然后锁紧螺钉。

（4）确认锡膏容器已经夹紧妥当后，关上机箱，锁好机箱锁，打开电源开关，设定时间为 3～5 分钟。

（5）时间设定后，按下绿色启动开关开始搅拌，搅拌完成后，打开机盖，松开锡膏原夹具，取出锡膏放入指定地方供生产使用，并记录在"锡膏、红胶使用记录表"中。

### 4. 锡膏的存储

锡膏通常要用冰箱冷藏，冷藏温度为 2～10℃，不允许冰冻。

**注意：**（1）采购回来的锡膏应放置在锡膏专用冰箱里，用时再取出来回温。

（2）工作结束时，罐中剩余没有用过的焊锡膏，应盖上内、外盖，保存在锡膏专用冰箱内，不可暴露在空气中，以免吸潮和氧化。

（3）将钢网上剩余的焊锡膏装入一个空罐内保存在锡膏专用冰箱内，留到下次使用，切不可将用过的焊锡膏放到没用过的焊锡膏罐内，因为用过的焊锡膏已受到污染会殃及新鲜的焊锡膏使其变质。

ETK100 锡膏专用冰箱的结构如图 7-4 所示，用 ETK100 锡膏专用冰箱进行锡膏存储练习，锡膏储存时将锡膏专用冰箱温度调整为 5～10℃。

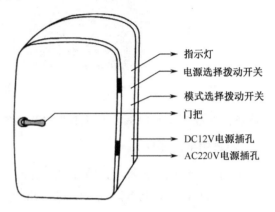

指示灯
电源选择拨动开关
模式选择拨动开关
门把
DC12V电源插孔
AC220V电源插孔

图 7-3　锡膏搅拌机　　　　　　　图 7-4　ETK100 锡膏专用冰箱结构图

 **想一想**

锡膏为什么要搅拌和冷藏？

### 三、考核评价

| 序　号 | 项　目 | 配　分 | 评价要点 | 自　评 | 互　评 | 教师评价 | 平　均　分 |
|---|---|---|---|---|---|---|---|
| 1 | 手动搅拌锡膏 | 70 分 | 搅拌时间合理（20 分）<br>搅拌充分和均匀（30 分）<br>搅拌速度合适（20 分） | | | | |
| 2 | 锡膏存储 | 30 分 | 锡膏专用冰箱温度设置合适（20 分）<br>存放位置合理（10 分） | | | | |
| 材料、工具、仪表 | | | 每损坏或者丢失一样扣 10 分<br>材料、工具、仪表没有放整齐扣 10 分 | | | | |
| 环保节能意识 | | | 视情况扣 10～20 分 | | | | |
| 安全文明操作 | | | 违反安全文明操作（视其情况进行扣分） | | | | |
| 额定时间 | | | 每超过 5 分钟扣 5 分 | | | | |
| 开始时间 | | 结束时间 | | 实际时间 | | 综合成绩 | |
| 综合评议意见（教师） | | | | | | | |
| 评议教师 | | | | 日期 | | | |
| 自评学生 | | | | 互评学生 | | | |

## 四、相关知识扩展

### 锡膏的进料和存储管理

#### 1．采购作业

采购单位应依据产品生产需求，适时适量购入锡膏。调用本地的锡膏库存量一般以一周为限，需进口通关的库存量不超过两周，要求厂商在供货时遵循先进先出的原则，并做标签管制。

#### 2．验收作业

通知仓库收货，仓库收到货后开《进货验收单》，以原包装送 IQC 待验区，由 IQC 检验合格后放入冰箱。具体检验内容如下：

（1）厂商标示清楚完整，如图 7-5 所示，含厂商、品牌、型号、生产批号和使用期限等；品牌应与要求相符，数量正确。

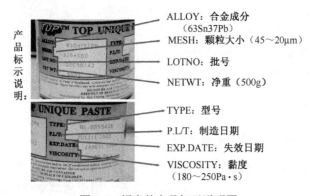

图 7-5　锡膏的产品标示说明图

（2）检验厂商出货检验报告中所有性能应符合规格，并对锡膏黏度作检验。

（3）锡膏包装、标签是否完好，清洁密闭，无破损泄漏，包装箱内是否清洁、无积水。

（4）检查锡膏包装箱内需采用冰袋（干冰）保证箱内温度，观察温度计温度指示是否符合 $2\sim25℃$。

#### 3．锡膏的存放

焊膏购买到货后，应登记到达时间、保质期、型号，并为每罐焊膏编号。焊膏应以密封形式保存在恒温、恒湿的专用冷藏柜内，有铅与无铅锡膏分开存储。其存储温度须与锡膏进出管制卡上所标明的温度相符。

温度应在 $2\sim10℃$，温度过高，焊剂与合金焊料粉起化学反应，使黏度上升影响其印刷性；温度过低（低于 $0℃$），焊剂中的松香会产生结晶现象，使焊膏形状恶化。这样在解冻上会危及锡膏的流变特征。

一般保存时间自生产日期起，最长为免洗 6 个月、水洗 3 个月。

#### 4．锡膏的存储管理

（1）颜色管理：灯点记号（入库标志，颜色代表失效日期）。

（2）先进先出：各瓶编号，专人管理，进出记录。

（3）环境管理：冰箱内置温度计，温度记录，绘制温管图。

（4）标示管理：合格品有灯点，合格标签，IQC 盖章。

（5）时间管理：有专用标签，记录回温时间、开封时间、报废时间。

（6）区隔管理：合格品与不合格品必须分别放置在不同冰箱内，不可混淆 （有铅和无铅要分开放置）。

（7）专人领用，IPQC 监督，并对记录进行稽核。

（8）过期报废的锡膏及空瓶必须送库房回收。

# 任务 2　锡膏的手动印刷

## 一、任务描述

现场提供 PSP1000 精密锡膏印刷台一台，胶带一卷，焊锡膏一罐，刮刀两把，PCB 板 5 块，特制钢模板一块。在学习精密锡膏印刷台操作的基础上完成以下操作：

（1）正确安装好锡膏印刷台，调试好锡膏印刷台；

（2）用锡膏印刷台在 PCB 板上手动印刷锡膏。

## 二、实际操作

### 1. 认识 PSP1000 精密锡膏印刷台和相关配件

PSP1000 精密锡膏印刷台的结构如图 7-6 所示，其各部件的名称及其作用如下。

① 调节旋钮：用于调节钢模板的高度。

② 固定旋钮：用于固定钢模板。

③ 工作台面：用于放置待刮焊锡膏的 PCB 板。

④ 微调旋钮 1：当初步对好位后，用此旋钮对前后方向进行微调。

⑤ 微调旋钮 2：当初步对好位后，用此旋钮对左右方向进行微调。

⑥ 水平固定旋钮：调节钢模板的水平面。

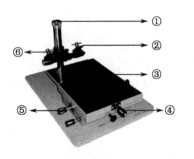

图 7-6　PSP1000 精密锡膏印刷台结构图

锡膏印刷台的相关配件如图 7-7 所示，其各部分的名称及作用如下。

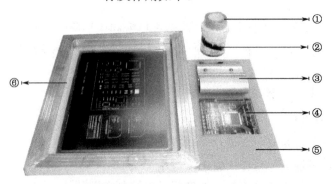

图 7-7　锡膏印刷台相关配件说明图

① 胶带：将 PCB 板固定在托板上。

② 焊锡膏：用于焊接。

③ 刮刀：刮焊锡膏。

④ PCB 板：待焊接的电路板。

⑤ 托板 ：在使用托板时，把 PCB 板用透明胶固定在托板上，在初步对位时，可灵活地移动 PCB 板的位置，达到粗调的目的。

⑥ 钢模板：钢模板上提供了常用贴片元件的封装（用户可根据需要定制钢模板），刮焊锡膏时用于均匀分配焊锡膏。

### 2．锡膏印刷台的安装与调试

（1）安装。将钢模板安装在 PSP1000 精密锡膏印刷台上，用固定旋钮把钢模板固定在丝印台上；用调节旋钮调节钢模板的高度，把钢模板调到合适的位置。

（2）调试。

① 检查钢模板是否干净，若有焊锡膏或其他固体物质残留，应用酒精，毛巾将残留在钢模板上的杂物清洗干净。

② 检查焊锡硬度是否适中。检测方法：在钢模板上选择引脚比较密集的元件，把焊锡膏刮在测试板（PCB 板或纸张）上，观察焊锡膏是否能够全部漏过钢模板且均匀地分配在测试板上，若有漏不过或漏不全现象，则应调节焊锡膏硬度，直到锡膏硬度适当为止。

③ 调节焊锡膏的方法为：用镊子或片状小板直接拌匀，往焊锡膏里加入少许稀释剂，用镊子或片状小板拌匀。

### 3．锡膏的手动印刷流程

（1）贴板。在钢模板上找到待刮焊锡膏的 PCB 板上元件封装，考虑托板在钢模板下能够左右灵活移动，将 PCB 板用透明胶固定在托板上。

（2）粗调。将钢模板放平，通过托板前后左右移动，将 PCB 板上元件的封装移到钢模板相应的位置。

（3）细调。通过微调旋钮，将 PCB 板上元件的焊盘与钢模板上相应的元件焊盘调至更精确的位置，使 PCB 板上的焊盘与钢模板上相应元件的焊盘完全重合。

（4）手动印刷焊锡膏。

① 放下模板，如图 7-8 所示。

② 在刮刀上抹锡膏，如图 7-9 所示。

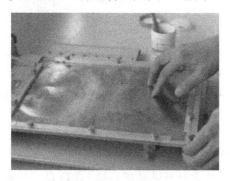

图 7-8　放下模板

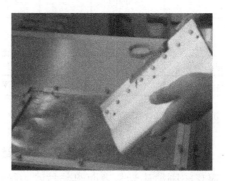

图 7-9　刮刀上抹锡膏

③ 在模板上刮锡膏，刮刀与模板之间呈 45° 角，如图 7-10 所示。

④ 揭起模板，取出印刷了锡膏的 PCB 板，如图 7-11 所示。

图 7-10　模板上刮锡膏

图 7-11　取印刷锡膏的 PCB 板

 **想一想**

简述锡膏的手动印刷方法。

## 三、考核评价

| 序 号 | 项 目 | 配 分 | 评价要点 | 自 评 | 互 评 | 教师评价 | 平 均 分 |
|---|---|---|---|---|---|---|---|
| 1 | 锡膏印刷台的安装与调试 | 40分 | 钢模板安装正确（20分）<br>钢模板调试良好（20分） | | | | |
| 2 | 锡膏的手动印刷 | 60分 | PCB 板的固定与调试准确（30分）<br>PCB 板锡膏印刷均匀合适（30分） | | | | |
| 材料、工具、仪表 | | | 每损坏或者丢失一样扣 10 分<br>材料、工具、仪表没有放整齐扣 10 分 | | | | |
| 环保节能意识 | | | 视情况扣 10～20 分 | | | | |
| 安全文明操作 | | | 违反安全文明操作（视其情况进行扣分） | | | | |
| 额定时间 | | | 每超过 5 分钟扣 5 分 | | | | |
| 开始时间 | | 结束时间 | | 实际时间 | | 综合成绩 | |
| 综合评议意见（教师） | | | | | | | |
| 评议教师 | | | | 日期 | | | |
| 自评学生 | | | | 互评学生 | | | |

## 四、相关知识扩展

### 锡膏印刷常识

锡膏印刷被认为是表面组装技术中控制最终焊锡节点品质的关键步骤。印刷是一个建立在流体力学下的制程，它可多次重复地保持将定量的物料（锡膏或黏胶）涂覆在 PCB 的表面，一般来讲，印刷制程是非常简单的，PCB 的上面与丝网或钢板保持一定距离（非接触式）或完全贴住（接触式），锡膏或黏胶在刮刀的作用下流过丝网或钢板的表面，并将其上的切口填满，于是锡膏或黏胶便贴在 PCB 的表面，最后丝网或钢板与 PCB 分离，于是便留下由锡膏或黏胶组成的图像在 PCB 上。

在印刷锡膏的过程中，基板放在工作台上，机械地或真空夹紧定位，用定位销或视觉来对准。用丝网或钢板用于锡膏印刷。在手工或半自动印刷机中，锡膏是手工地放在钢板/丝网上，这时印刷刮刀处于钢板的另一端。在自动印刷机中，锡膏是自动分配的。在印刷过程中，印刷刮刀向下压在模板上，使模板底面接触到电路板顶面。当刮刀走过所腐蚀的整个图形区域长度时，锡膏通过模板/丝网上的开孔印刷到焊盘上。

在锡膏已经沉积之后，丝网在刮刀之后马上脱开，回到原地。这个间隔或脱开距离是设备设计所定的。脱开距离与刮刀压力是两个达到良好印刷品质的与设备有关的重要变量。

如果没有脱开，这个过程叫接触印刷。当使用全金属模板（钢板）和刮刀时，使用接触印刷。非接触印刷用于柔性的金属丝网。

# 任务 3　手动贴片

## 一、任务描述

现场提供手动贴片机一台，贴片元件 20 个，PCB 板一块。在认识手动贴片机的基础上完成以下操作：

（1）正确进行手动贴片机的操作与设定；

（2）用手动贴片机贴片。

## 二、实际操作

### 1. 认识手动贴片机

手动贴片机的实物图如图 7-12 所示。

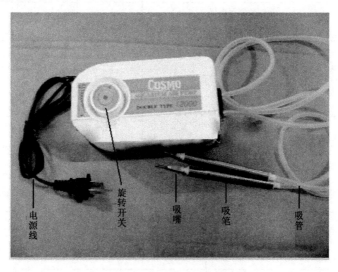

图 7-12　手动贴片机的实物图

### 2．学习手动贴片机的操作

（1）安放。机器摆放在靠近电源的地方，要求地面坚实平稳。

（2）确认。确认电源正确及电源开关处于开/关的位置，插入电源连接线。

（3）选择合适的吸嘴。根据所贴元件的大小和尺寸选择合适的吸嘴。

（4）握笔的方式。握笔的方式如图 7-13 所示，吸笔一直保持竖直，吸元件的时候，大拇指按住吸笔上的小孔，元件贴好后大拇指松开，取走吸笔。

图 7-13 握笔的方式

（5）注意事项。要保持坐姿端正；手不能晃动；元件不能错位。

 **想一想**

手动贴片机的最大的缺点是什么？

## 三、考核评价

| 序　号 | 项　目 | 配　分 | 评价要点 | 自　评 | 互　评 | 教　师评　价 | 平　均　分 |
|---|---|---|---|---|---|---|---|
| 1 | 手动贴片机的操作与设定 | 70 分 | 贴片机的安放正确（20分）<br>贴片机的操作正确（30分）<br>吸嘴的准确选择（20分） | | | | |
| 2 | 手动贴片 | 30 分 | 元件的位置合格（15分）<br>所贴的数量合格（15分） | | | | |
| | 材料、工具、仪表 | | 每损坏或者丢失一样扣 10 分<br>材料、工具、仪表没有放整齐扣 10 分 | | | | |
| | 环保节能意识 | | 视情况扣 10～20 分 | | | | |
| | 安全文明操作 | | 违反安全文明操作（视其情况进行扣分） | | | | |
| | 额定时间 | | 每超过 5 分钟扣 5 分 | | | | |
| 开始时间 | | 结束时间 | | 实际时间 | | 综合成绩 | |
| 综合评议意见（教师） | | | | | | | |
| 评议教师 | | | | 日期 | | | |
| 自评学生 | | | | 互评学生 | | | |

### 四、相关知识扩展

#### 手动贴片机 ST20 介绍

手动贴片机 ST20 的外观如图 7-14 所示，它是一种手动高精度贴片机，具有视觉对位、精度高的特点。ST20 提供了一个 PCB 定位贴片平台，其贴片头能够任意角度旋转，充分保证了对位的高度精确（精度可达到 0.5mm）。自带真空发生器，可以方便地拾取各种 IC 元器件。可以非常方便地将精密的 IC 贴装通过视觉对位贴装到 PCB 板上，实现了高精度元器件的稳定贴装，同时防止手动贴片时，因手颤抖带来的误差。

手动贴片机 ST20 的各项技术参数如下。

（1）ST20 贴片机具有机械 4 维自由度：配有 $X$、$Y$ 轴紧密机械定位平台可实现 $X$、$Y$ 轴方向的微调，上下（$Z$ 轴向）可自由调整，同时 $\theta$ 角可自由旋转。

（2）质量：约 6.5kg。

（3）外形尺寸：260mm×240mm。

（4）定位精度：可达 0.5mm。

图 7-14　手动贴片机 ST20 的外观

手动贴片机 ST20 的使用方法：配合防静电真空吸笔使用，通过脚踏开关控制真空气源，可以方便地实现任何细小间距芯片（如 QFP、PLCC、BGA 等）的准确定位、快速贴装。同时配备 $X$-$Y$ 轴精密机械定位平台，使微小间距芯片的贴装定位更准确、更容易。

# 任务 4　台式回流焊

### 一、任务描述

现场提供 SMT500 台式回流焊机一台，贴好元件的 PCB 板 2 块。在认识台式回流焊机的基础上完成以下操作：

（1）认识 SMT500 台式回流焊机；

（2）对照实物讲解机器结构，并熟悉各操作按钮；

（3）会选用已设置好的参数组焊接；

（4）设置常规焊接参数；

（5）能够熟练使用台式回流焊机。

### 二、实际操作

#### 1. 认识 SMT500 台式回流焊机

SMT500 台式回流焊机是一款微型化回流焊机。它具有简单、友好的人机对话界面，240×128 LCD 显示屏，能显示汉字菜单和实时升温曲线，具有温度、时间等多种参数的设置，并具有掉电保护功能，可完成 0402、0603、0805、1206、PLCC、SOJ、SOT、SOP/SSOP/TSSOP、

QFP/MQFP/LQFP/TQFP/HQFP 等多种表贴封装元件的单、双面印刷电路板的焊接。广泛适用于各类企业、学校、公司、院所研发及小批量生产需要。

（1）SMT500 台式回流焊机的外观如图 7-15 和图 7-16 所示。

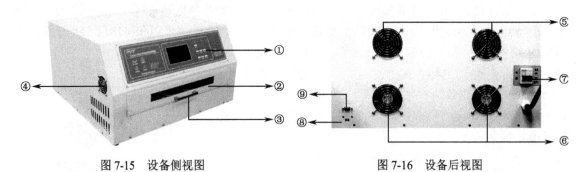

图 7-15　设备侧视图　　　　　　　　图 7-16　设备后视图

（2）功能说明。

① 主机控制面板：用于设备工艺流程控制、工艺参数设置及工作状态显示。

② 玻璃观察窗：方便在焊接过程中实时观察设备工作状态。

③ 送料工作抽屉：手动控制进、出仓，用于送、取料。

④ 散热风扇：对电气元件与控制面板区域散热。

⑤/⑥ 进风风扇/排风风扇：用于进风/焊接仓降温过程，速度可调。

⑦ 电源开关：设备总电源开关。

⑧ USB 接口：与 PC 建立联机接口。

⑨ 串行接口：与 PC 建立联机接口。

（3）按键功能说明。

① 焊接操作键。在送料盘回位后，按下"焊接"键，即按照选定焊接方式进入自动焊接过程。按"停止"键终止当前操作，如停止焊接等。

② 设置键。按"设置"键进入参数设置功能选项，再次按该键则退出。

按"▲"/"▼"键在设置参数时用于选择子功能选项或修改参数（顺序或数值加/减）。

按"确定"键进入所选的子功能选项或参数确认。

按"取消"键退出到上一级功能选项或取消参数的修改。

## 2. 台式回流焊机操作说明

（1）常规焊接操作说明。

① 选用已设置好的参数组焊接。按"设置"键，进入参数设置功能选项，通过"▲"/"▼"键选中"常规焊接"，如图 7-17 所示。

再按"确定"键，进入子功能选项，通过"▲"/"▼"键选择一组参数，如图 7-18 所示。

按"确定"键即选中，再按"焊接"键设备即按照该参数组参数进行焊接。

② 重新设置常规焊接参数。常规焊接参数包括预热时间、预热温度、焊接时间、焊接温度。设置方法如下：

按"设置"键，进入参数设置功能选项，通过"▲"/"▼"键，选中"焊接设置"，如图 7-19 所示。

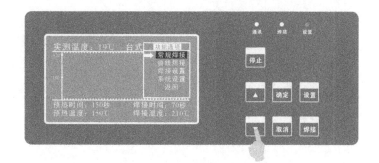

图 7-17  常规焊接选择

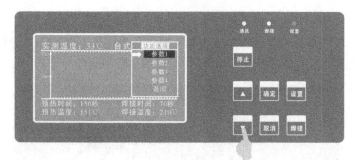

图 7-18  焊接参数选择

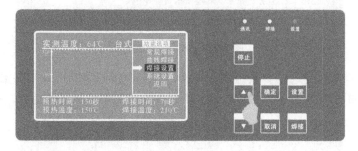

图 7-19  焊接设置

按"确定"键，进入子功能选项，再通过"▲"/"▼"键选择需要重设的参数（如预热温度、预热时间、焊接温度、焊接时间），如图 7-20 所示。

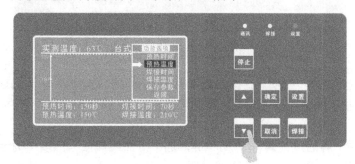

图 7-20  焊接子功能项设置

按"确定"键，再通过"▲"/"▼"键修改具体值，如图 7-21 所示。

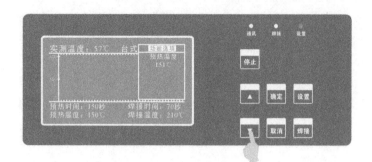

图 7-21　具体值修改

修改完毕后按"确定"键，再通过"▲"/"▼"键来选择"返回"或"保存参数"选项，若选择"返回"选项，则保存为当前焊接参数，掉电后会丢失；若选择"保存参数"选项，按"确定"键，则进入"保存参数"子功能选项，如图 7-22 所示。

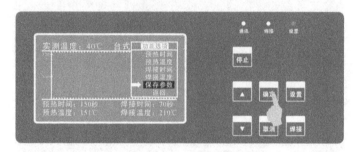

图 7-22　子功能参数保存

通过"▲"/"▼"键选择参数组别，再按"确定"键即将当前设置参数保存在此组并返回上一级菜单，如图 7-23 所示，此时该组参数已保存到常规焊接参数组中，掉电后不会丢失。

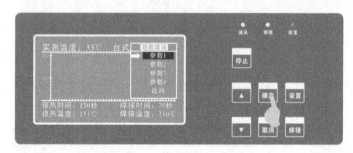

图 7-23　当前设置参数保存

（2）虚拟曲线焊接操作说明。虚拟曲线焊接是指采用按预定的时间间隔逐点控制温度的焊接方法，注意：这里的控制温度曲线与所需的焊接温度曲线不一定相同，但存在一个对应关系。选用方法如下。

按"设置"键，再通过"▲"/"▼"键，选中"曲线焊接"，按"确定"键进入选择曲线，如图 7-24 所示。

通过"▲"/"▼"键选择一组曲线，按"确定"键确认后，再按"焊接"键即开始按照选定曲线参数进行焊接。

本机可预存 4 条自定义的控制温度曲线供用户根据特殊的工艺要求进行焊接。若有需要，还可以通过上位机软件重新设置虚拟曲线。

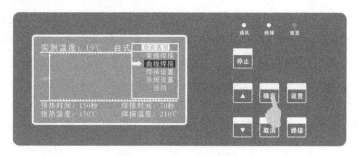

图 7-24　曲线焊接选择

（3）系统参数设置。按"设置"键，进入参数设置功能选项，通过"▲"/"▼"键，选中"系统设置"，如图 7-25 所示。

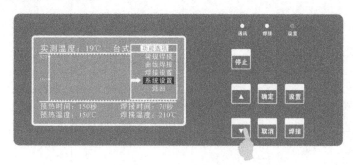

图 7-25　系统设置

按"确定"键，进入系统参数设置。系统参数包括风扇速度、声音报警、温度校准、参数恢复。

① 风扇速度设置。通过"▲"/"▼"键，选中"风扇速度"，按"确定"键进行确认，如图 7-26 所示。

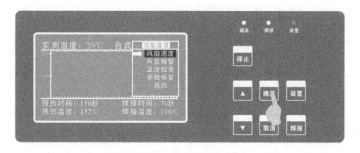

图 7-26　风扇速度设置

再通过"▲"/"▼"键，选择需修改速度的阶段，每个阶段均有进风、排风、散热三组风扇，进风、排风风速均可单独设置，有 0～7 八档，其中"0"为关闭，"7"为速度最高。

② 声音报警。可设定有无声音报警。

③ 温度校准。厂家调试设备保留。

④ 参数恢复。可恢复为出厂设置。

### 3. 用 SMT500 台式回流焊机进行回流焊接

（1）参数设置。为达到最佳焊接效果，可以根据某一批电路板的实际情况，设定最佳的参数并保存起来供后续调用，焊接参考参数：①有铅焊接参考参数为：预热时间 200s，预热温度 150℃，焊接时间 160s，焊接温度 220℃；②无铅焊接参考参数为：预热时间 200s，预热温度 180℃，焊接时间 160s，焊接温度 255℃。根据电路板和元器件的不同而稍有差异。其中，预热段与焊接段，会根据设定时间和温度双重判断，只有两者都符合时方可进入下一段。

（2）回流焊接。通过台式回流焊机，将焊膏熔化，使表面组装元器件与 PCB 板牢固粘接在一起。

（3）用台式回流焊机进行回流焊接练习。

## 三、考核评价

| 序 号 | 项 目 | 配 分 | 评价要点 | 自 评 | 互 评 | 教 师评 价 | 平 均 分 |
|---|---|---|---|---|---|---|---|
| 1 | 焊接操作键熟悉 | 10 分 | 熟悉焊接操作键（10 分） | | | | |
| 2 | 正确选用已设置好的参数组焊接 | 30 分 | 能正确选用已设置好的参数组焊接（30 分） | | | | |
| 3 | 重新设置常规焊接参数 | 30 分 | 能重新设置常规焊接参数（30 分） | | | | |
| 4 | 回流焊熟练 | 30 分 | 能熟练用台式回流焊机进行回流焊（30 分） | | | | |
| | 材料、工具、仪表 | | 每损坏或者丢失一样扣 10 分 材料、工具、仪表没有放整齐扣 10 分 | | | | |
| | 环保节能意识 | | 视情况扣 10～20 分 | | | | |
| | 安全文明操作 | | 违反安全文明操作（视其情况进行扣分） | | | | |
| | 额定时间 | | 每超过 5 分钟扣 5 分 | | | | |
| 开始时间 | | 结束时间 | | 实际时间 | | 综合成绩 | |
| 综合评议意见（教师） | | | | | | | |
| 评议教师 | | | 日期 | | | | |
| 自评学生 | | | 互评学生 | | | | |

## 四、相关知识扩展

### 台式回流焊机使用注意要点

台式回流焊机为满足无铅双面焊接，设计有独特的风道，焊接时 PCB 板的上面和下面温度差异较大，可保证焊上面的元件时，下面的贴片不脱落；为保证小板的焊接要求，建议焊接小板和 BGA 植锡球时，在料抽底部预放一块 10cm×10cm 的 PCB 板，可以使焊接质量更好。环境温度较低、潮气或湿度太大时，建议焊接前要预热一下机器。操作方法是：选好焊接曲线后，空机自动回焊一次。

台式回流焊机不能焊接反光性太强的金属封装芯片和金属屏蔽罩；不可以焊接承受温度低于 250℃的塑料插件和物品。

客户检测机器温度的方法为：采用标准温度计，将外置温度探头固定在 10cm×10cm 的 PCB 板正面，一定要紧密贴在 PCB 板的正上面。将固定有测温探头的 PCB 板放入料抽，推入机器内，这样测试的温度比较符合产品生产实际情况。

**日常养护：**保持腔内清洁，台式回流焊机中设有内腔清洁功能，用过几次之后，建议用户手动开启加热和风机 2～3 分钟，让腔内残存的溶剂、焊料加热挥发掉，保证内腔清洁和整机性能稳定；每停机前一定要开启风机让整机充分冷却后，再关机，这样可延长使用寿命；定期清洁抽屉的观察孔玻璃，保持其清洁；焊接托盘，也可按"停止"键中止焊接但不打开焊接托盘，焊接结束时待线路板温度降至 75℃焊接托盘会自动打开。

# 任务5　用目测法检查

## 一、任务描述

现场提供锡膏印刷后的 PCB 板 2 块，贴片后的 PCB 板 2 块，焊接后的 PCB 板 2 块。在学习检测工艺的基础上完成以下操作：

（1）用目测法检测锡膏印刷质量；

（2）用目测法检测贴片质量；

（3）用目测法检测焊接质量。

## 二、实际操作

### 1. 认识检测内容

① 锡膏印刷检测内容包括：锡膏印刷是否完全；有无桥接；厚度是否均匀；有无塌边；印刷有无偏差。

② 贴片检测内容包括：元件的贴装位置情况；有无掉片；有无错件；

③ 回流焊接检测内容包括：元件焊接情况，有无桥接、立碑、错位、焊料球、虚焊等不良焊接现象；焊点的情况。

### 2. 认识检验的标准

（1）锡膏印刷检验。

总则：印刷在焊盘上的焊膏量允许有一定的偏差，但焊膏覆盖在每个焊盘上的面积应大于焊盘面积的 75%。

锡膏印刷检验标准如表 7-1 所示。

表 7-1　锡膏印刷检验标准

| 缺　陷 | 理 想 状 态 | 可接受状态 | 不可接受状态 |
|--------|-----------|-----------|------------|
| 偏移 | | | |

| 缺　陷 | 理　想　状　态 | 可接受状态 | 不可接受状态 |
|---|---|---|---|
| 连锡 | | 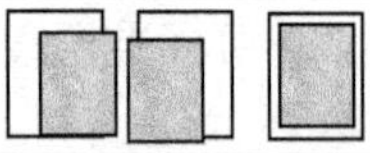 | 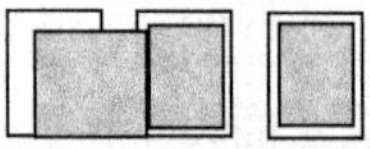 |
| 锡膏沾污 | | 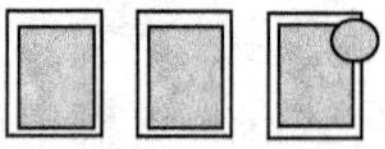 | 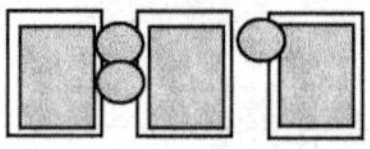 |
| 锡膏高度变化大 |  |  | 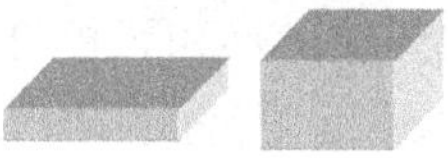 |
| 锡膏面积缩小、少印 |  |  | 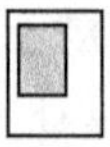 |
| 锡膏面积太大 |  |  | 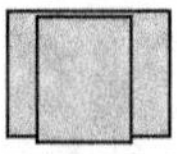 |
| 挖锡 |  |  | 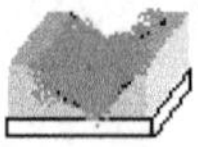 |
| 边缘不齐 |  | 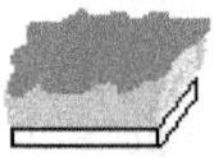 | 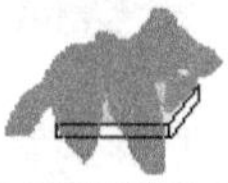 |

（2）点胶检验。

理想胶点：烛=焊盘和引出端面上看不到贴片胶沾染的痕迹，胶点位于各个焊盘中间，其大小为点胶嘴的 1.5 倍左右，胶量以贴装后元件焊端与 PCB 的焊盘不沾污为宜。

点胶检验标准如表 7-2 所示。

表 7-2　点胶检验标准

| 缺　陷 | 理　想　状　态 | 可接受状态 | 不可接受状态 |
|---|---|---|---|
| 偏移 | 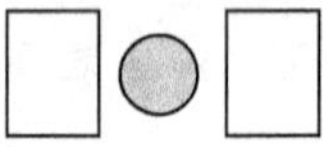 | 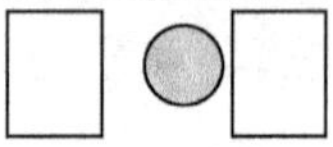 | 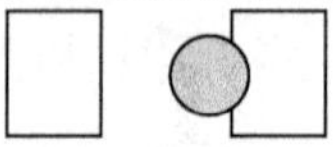 |
| 胶点过大 | 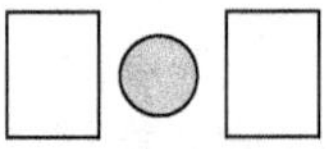 | 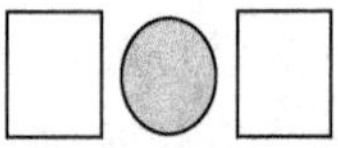 | 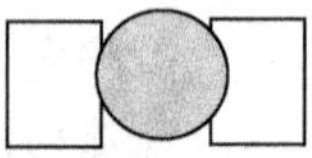 |
| 胶点过小 | 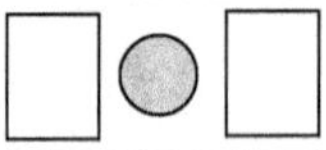 | 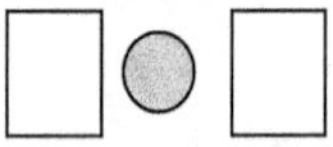 | 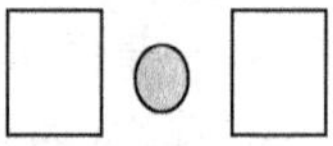 |
| 拉丝 | 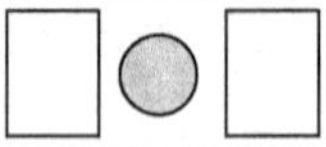 | 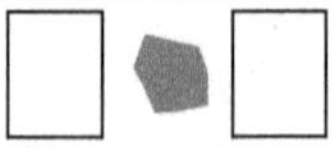 | 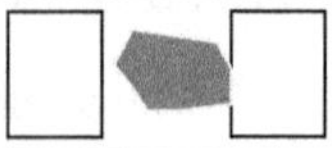 |

（3）贴片检验。贴片检验标准如表 7-3 所示。

表 7-3　贴片检验标准

| 缺　陷 | 正　常　状　态 | 可接受状态 | 不可接受状态 |
|---|---|---|---|
| 偏移 | 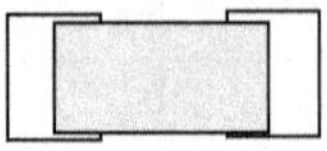 | 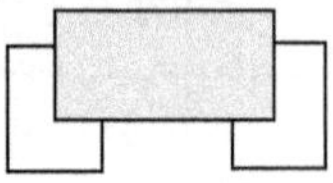 | 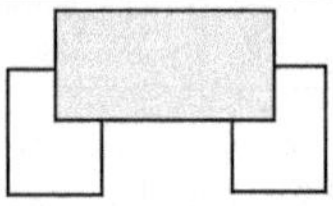 |

| 缺　陷 | 正　常　状　态 | 可接受状态 | 不可接受状态 |
|---|---|---|---|
| 偏移 | | | |
| 溢胶 | | | |
| 漏件 | | | |
| 错件 | | | |
| 反向 | | | |
| 偏移 | | | |
| 悬浮 | | | |
| 旋转 | | | |

（4）焊接后检验。良好的焊点应是焊点饱满、润湿良好，焊料铺展到焊盘边缘。焊接后检验标准如表 7-4 所示。

表 7-4　焊接后检验标准

| 缺　陷 | 正　常　状　态 | 可接受状态 | 不可接受状态 |
|---|---|---|---|
| 偏移 | | $B < A/4$ | $B > A/4$ |
| 偏移 | | | |
| 溢胶 | | | |
| 漏件 | | | |

| 缺　陷 | 正 常 状 态 | 可接受状态 | 不可接受状态 |
|---|---|---|---|
| 错件 | | | |
| 反向 | | | |
| 立碑 | | | |
| 旋转 | | | |
| 焊锡球 | | $B<A/2$ | $B>A/2$ |

### 3. 用目测法检查产品

（1）练习用目测法检测锡膏印刷质量；

（2）练习用目测法检测贴片质量；

（3）练习用目测法检测焊接质量，如图 7-27 所示。

图 7-27　目测法检测电路板

 想一想

焊接后焊点的缺陷有哪些？

## 三、考核评价

| 序 号 | 项 目 | 配 分 | 评价要点 | 自 评 | 互 评 | 教 师 评 价 | 平 均 分 |
|---|---|---|---|---|---|---|---|
| 1 | 检测标准认识 | 20分 | 检测标准认识清楚（20分） | | | | |
| 2 | 用目测法检测锡膏印刷质量 | 20分 | 锡膏印刷质量检测正确（20分） | | | | |
| 3 | 用目测法检测贴片质量 | 30分 | 贴片质量检测正确（30分） | | | | |
| 4 | 用目测法检测焊接质量 | 30分 | 焊接质量检测正确（30分） | | | | |
| | 材料、工具、仪表 | | 每损坏或者丢失一样扣10分 材料、工具、仪表没有放整齐扣10分 | | | | |
| | 环保节能意识 | | 视情况扣10~20分 | | | | |
| | 安全文明操作 | | 违反安全文明操作（视其情况进行扣分） | | | | |
| | 额定时间 | | 每超过5分钟扣5分 | | | | |
| 开始时间 | | 结束时间 | | 实际时间 | | 综合成绩 | |
| 综合评议意见（教师） | | | | | | | |
| 评议教师 | | | 日期 | | | | |
| 自评学生 | | | 互评学生 | | | | |

# 任务6　用光学设备检测

## 一、任务描述

PDM2000视频检测仪一台，PCB板10块。在学习视频检测仪使用的基础上完成以下操作：
（1）正确操作PDM2000视频检测仪；
（2）用视频检测仪检测锡膏印刷质量；
（3）用视频检测仪检测贴片质量；
（4）用视频检测仪检测焊接质量。

## 二、实际操作

### 1. 认识视频检测仪

PDM2000视频检测仪是一款连续变倍的单筒显微镜，该仪器采用显微镜与高清晰度的彩色CCD或电视机、监视器、计算机配套使用。主要应用于：
（1）对精密的细小零部件作观察、检验和测量工具使用。
（2）在电子工业中，作电路、晶体管等贴片装配的辅助工具。
（3）检查各种精密的细小零部件的裂缝形状、气孔形状、腐蚀情况等。

PDM2000 视频检测仪的主要部件如图 7-28 所示。

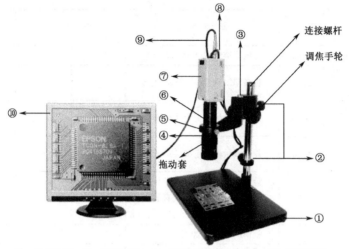

①—检测台面；②—锁紧手轮；③—升降座；④—主物镜；⑤—滚花螺钉；
⑥—摄影目镜；⑦—CD 摄像头；⑧—CCD 电源；⑨—视频信号线

图 7-28　视频检测仪结构图

视频检测仪的主要参数如下。

（1）光学放大倍数：主物镜 0.7~4.5x，如表 7-5 所示。

表 7-5　光学放大倍数

| 辅助物镜倍率 | 总放大倍数 | | 工作距离（mm） |
| | 摄影目镜 | | |
| | 0.5x | 1x | |
| 0.5x | 0.18~1.13x | 0.35~2.25x | 156 |
| 无辅助物镜 | 0.35~2.25x | 0.7~4.5x | 95 |
| 2x | 0.7~4.5x | 1.4~9.0x | 30 |

（2）CCD 摄像机靶面对角线尺寸，如表 7-6 所示。

表 7-6　CCD 摄像机靶面对角线尺寸

| 规格 | 1/3 " | 1/2 " | 2/3 " |
| --- | --- | --- | --- |
| 对角线尺寸 | 6mm | 8mm | 11mm |

（3）视频放大率，如表 7-7 所示。

表 7-7　视频放大率

| 显示器<br>CCD | 15 " | 17 " | 21 " |
| --- | --- | --- | --- |
| 1/3 " | 63.5x | 72.0x | 88.5x |
| 1/2 " | 47.6x | 54.0x | 66.7x |
| 2/3 " | 34.6x | 39.3x | 48.5x |

（4）手轮调焦范围：60mm。

（5）立柱升降范围：110mm。

精密视频检测仪对图像放大率有贡献的部件，自上而下有：辅助物镜、主物镜、摄影目镜、CCD摄像机、显示器。前三个部件产生光学放大，后两个部件产生数字放大。

总放大率=光学放大倍数×视频放大率；

物方视场直径 ＝CCD靶面对角线尺寸÷光学放大率。

### 2．视频检测仪的操作

（1）调焦：转动调焦手轮或改变升降高度，均可进行调焦。

（2）转动主物镜的转动环，可以获得连续变化的放大倍数。

（3）物镜倍率变化有0.7x～4.5x，低倍率有较大的视场和景深。为了便于寻找目标，建议先用较小的倍率观察。

（4）把所要观察的物体放在载物台上，根据需要选用光源，并调节好亮度。

### 3．用视频检测仪检查

（1）练习用视频检测仪检测锡膏印刷质量。

（2）练习用视频检测仪检测贴片质量。

（3）练习用视频检测仪检测焊接质量。

 **想一想**

如何调试操作视频检测仪？

## 三、考核评价

| 序号 | 项目 | 配分 | 评价要点 | 自评 | 互评 | 教师评价 | 平均分 |
|---|---|---|---|---|---|---|---|
| 1 | 视频检测仪操作 | 20分 | 调焦正确（10分）<br>主物镜调节正确（10分） | | | | |
| 2 | 用视频检测仪检测锡膏印刷质量 | 20分 | 锡膏印刷质量检测正确（20分） | | | | |
| 3 | 用视频检测仪检测贴片质量 | 30分 | 贴片质量检测正确（30分） | | | | |
| 4 | 用视频检测仪检测焊接质量 | 30分 | 焊接质量检测正确（30分） | | | | |
| | 材料、工具、仪表 | | 每损坏或者丢失一样扣（10分）<br>材料、工具、仪表没有放整齐扣10分 | | | | |
| | 环保节能意识 | | 视情况扣10～20分 | | | | |
| | 安全文明操作 | | 违反安全文明操作（视其情况进行扣分） | | | | |
| | 额定时间 | | 每超过5分钟扣5分 | | | | |
| 开始时间 | 结束时间 | | 实际时间 | | 综合成绩 | | |
| 综合评议意见（教师） | | | | | | | |
| 评议教师 | | | 日期 | | | | |
| 自评学生 | | | 互评学生 | | | | |

## 四、相关知识扩展

### 常见 SMT 自动测试技术介绍

#### 1．自动光学检查 AOI

随着线路板上元器件组装密度的提高，给电气接触测试增加了困难，将 AOI 技术引入到 SMT 生产线的测试领域也是大势所趋。AOI 不但可对焊接质量进行检验，还可对光板、焊膏印刷质量、贴片质量等进行检查。各工序 AOI 的出现几乎完全替代人工操作，对提高产品质量、生产效率都是大有作为的。当自动检测（AOI）时，AOI 通过摄像头自动扫描 PCB，采集图像，测试的焊点与数据库中的合格的参数进行比较，经过图像处理，检查出 PCB 上缺陷，并通过显示器或自动标志把缺陷显示/标示出来，供维修人员修整。

现在的 AOI 系统采用了高级的视觉系统、新型的给光方式、增加的放大倍数和复杂的算法，从而能够以高测试速度获得高缺陷捕捉率。AOI 系统能够检测下面错误；元器件漏贴、钽电容的极性错误、焊脚定位错误或者偏斜、引脚弯曲或者折起、焊料过量或者不足、焊点桥接或者虚焊等。AOI 除了能检查出目检无法查出的缺陷外，AOI 还能把生产过程中各工序的工作质量以及出现缺陷的类型等情况收集、反馈回来，供工艺控制人员分析和管理.但 AOI 系统也存在不足，如不能检测电路错误，同时对不可见焊点的检测也无能为力。

#### 2．自动 X 射线检查 AXI

AXI 是近几年才兴起的一种新型测试技术。当组装好的线路板（PCB）沿导轨进入机器内部后，位于线路板上方有一 X-Ray 发射管，其发射的 X 射线穿过线路板后被置于下方的探测器（一般为摄像机）接受，由于焊点中含有可以大量吸收 X 射线的铅，因此与穿过玻璃纤维、铜、硅等其他材料的 X 射线相比，照射在焊点上的 X 射线被大量吸收，而呈黑点产生良好图像，使得对焊点的分析变得相当直观，故简单的图像分析算法便可自动且可靠地检验焊点缺陷。AXI 技术已从以往的 2D 检验法发展到目前的 3D 检验法。前者为透射 X 射线检验法，对于单面板上的元件焊点可产生清晰的视像，但对于目前广泛使用的双面贴装线路板，效果就会很差，会使两面焊点的视像重叠而极难分辨，而 3D 检验法采用分层技术，即将光束聚焦到任何一层并将相应图像投射到一高速旋转使位于焦点处的图像非常清晰，而其他层上的图像则被消除，故 3D 检验法上的图像则被消除，故 3D 检验法可对线路板两面的焊点独立成像。

#### 3．在线测试仪 ICT

电气测试使用的最基本仪器是在线测试仪（ICT），传统的在线测试仪测量时使用专门的针床与已焊接好的线路板上的元器件接触，如图 7-29 和图 7-30 所示。

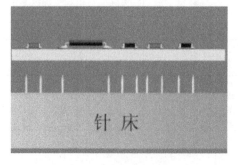

图 7-29　针床测试准备

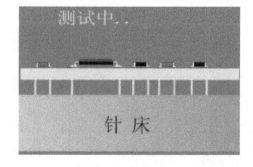

图 7-30　针床测试

针床测试时用数百毫伏电压和 10mA 以内电流进行分立隔离测试，从而精确地测出所装电阻、电感、电容、二极管、三极管、晶体管、场效应管、集成块等通用和特殊元器件的漏装、错装、参数值偏差、焊点连焊、线路板开短路等故障，并将故障是哪个元件或开短路位于哪个点准确告诉用户。

针床式在线测试仪优点是：测试速度快，适合于单一品种民用型家电线路板及大规模生产的测试，而且主机价格较便宜。但是随着线路板组装密度的提高，特别是细间距 SMT 组装以及新产品开发生产周期越来越短，线路板品种越来越多，针床式在线测试仪存在一些难以克服的问题：测试用针床夹具的制作、调试周期长，价格贵；对于一些高密度 SMT 线路板由于测试精度问题无法进行测试。

# 任务 7　用烙铁返修

## 一、任务描述

现场提供热风枪一台，恒温电烙铁一把，尖嘴钳一把，镊子一把，斜口钳一把，焊锡丝一圈，PCB 电路板 2 块，维修用 SMC 和 SMD 元器件若干。在学完手工焊接的基础上完成以下操作：

（1）正确进行 SMC 元件的取下和焊接；

（2）正确进行平面封装 IC 元器件的取下和焊接。

## 二、实际操作

### 1．SMC 元件的焊接

（1）焊接前烙铁头的清洗。

① 轻轻地清洁烙铁头，去掉焊锡，清洗时绝对不能让烙铁头接触硬物（如钢板等）。

② 清洁掉烙铁头上的锡和炭化的渣滓（黑色渣滓）后再进行作业 （用水浸湿时注意时间不要太长，防止温度下降过度）。

③ 因为烙铁清洗时温度会下降，所以要稍过一小段时间后再进行作业。

④ 烙铁头使用海绵清洁时，必须在作业前先将海绵湿润。用手指尖轻压，微微渗出水的状态较好，作业时要注意随时确认海绵的湿度（保持适当的湿度）。

⑤ 作业完成时，要注意做好相关 5S 等清洁工作。

（2）SMC 元件的焊接步骤。

① 准备。使用温度可调的电烙铁，调整适当的温度（推荐设定温度为 290～420℃），锡丝线径是 0.3～0.8mm，准备方法如图 7-31 所示。

② 放置组件。用镊子夹住 Chip 组件放在两个焊盘的中间，如图 7-32 所示。

③ 临时固定。用烙铁对锡膏加热固定 Chip 组件一端，如图 7-33 所示。

④ 焊接组件的一端。将组件的另一侧 Land 和 Chip 组件焊接固定，如图 7-34 所示。

⑤ 焊接（调整倒角）。送入焊锡，焊接临时固定端，调整倒角，如图 7-35 所示。

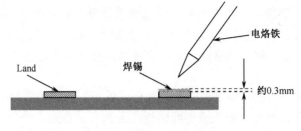

图 7-31　SMC 元件焊接准备

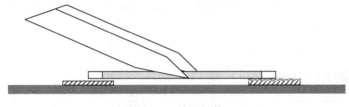

图 7-32　放置组件

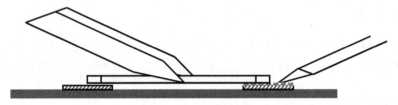

图 7-33　临时固定元件

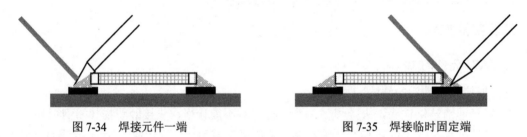

图 7-34　焊接元件一端　　　　　　　图 7-35　焊接临时固定端

⑥ 目视检查。检查焊接质量，有无拉尖、毛刺、少锡、桥梁等不良现象。

## 2．SMC 元件的取下

（1）SMC 元件（无胶水固定）的取下步骤。

① 贴装状态检查。如图 7-36 所示，要求无胶水。

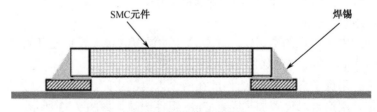

图 7-36　贴装状态检查

② 焊锡熔解。用两个烙铁轻轻接触 SMC 元件两端焊锡处，加热使焊锡熔化，如图 7-37 所示。

取下 SMC 元件还可以使用如图 7-38 所示的专用烙铁。

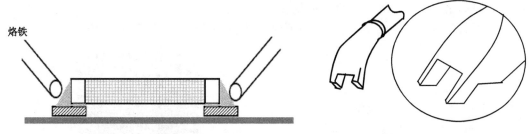

图 7-37 焊锡熔解　　　　　　　　图 7-38 取 SMC 元件专用烙铁头

③ 取下。确认焊锡完全熔化后，用两个烙铁轻轻将组件向上提起，如图 7-39 所示。

（2）SMC 元件（胶水固定）的取下更换步骤。

① 用两个烙铁同时熔化电极两端的焊锡，如图 7-40 所示。

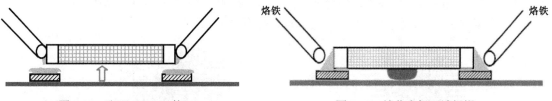

图 7-39 取下 SMC 元件　　　　　　　图 7-40 熔化电极两端焊锡

② 电极的焊锡充分熔解后，用两个烙铁松动组件。

③ 如图 7-41 所示，用烙铁将组件夹起，取下。

④ 用烙铁除去焊盘上的锡渣，然后除去接着剂，如图 7-42 所示。

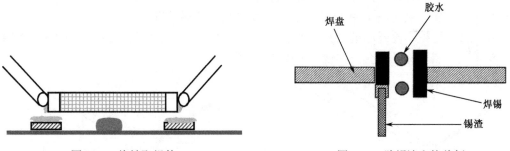

图 7-41 烙铁取组件　　　　　　　图 7-42 除锡渣和接着剂

⑤ 按图 7-43 的 SMT 元件的焊接方法，临时固定 SMT 元件。

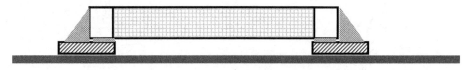

图 7-43 临时固定 SMT 元件图

⑥ 调整电极两端焊点。

⑦ 目视检查。检查焊接质量，有无拉尖、毛刺、少锡、桥梁、虚焊、短路等不良现象。

### 3．平面封装集成块元器件的焊接方法

（1）助焊剂涂布在焊盘上，如图7-44所示。

（2）将平面封装集成块放在焊盘上，注意四面脚都不要偏位，如图7-45所示。

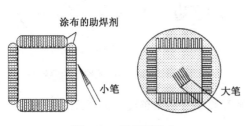

图7-44　助焊剂涂布

图7-45　放置平面封装集成块

（3）用烙铁头蘸取少量焊锡，先将a、b两个点临时固定，如图7-46所示。

（4）用烙铁供给锡，按箭头方向依次焊接，如图7-47所示。

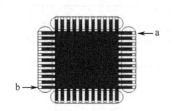

图7-46　临时固定集成块

图7-47　集成块焊接

集成块及端子的焊接有两种方法，分为点焊接和连续焊接。

点焊接：如图7-48所示，用烙铁一点一点地对集成块端子进行焊接。

连续焊接：烙铁不离开焊盘，保持接触状态，一边加锡一边按箭头方向移动烙铁。如果基板向箭头稍微倾斜，作业就会更方便，如图7-49所示。

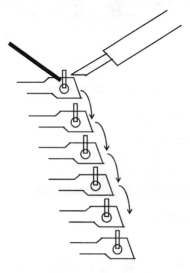

图7-48　点焊接

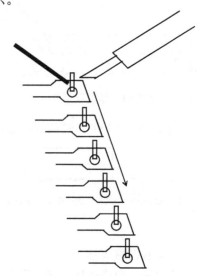

图7-49　连续焊接

（5）集成块目视检查。检查焊接质量，有无拉尖、毛刺、少锡、桥梁、虚焊、短路等不良现象。

### 4．四方扁平集成块的取下方法

四方扁平集成块的取下需使用热风烙铁枪，其优点是：能够旋转取下集成块，周围的组件不会飞起；防止焊盘剥离。

热风烙铁枪的热风嘴有多种，针对不同的集成块有不同的热风嘴，如图 7-50 所示。

（a）正方形热风嘴　　　　　　（b）长方形热风嘴　　　　　　（c）圆形热风嘴

图 7-50　热风嘴

四方扁平集成块的取下步骤如下：

（1）用镊子夹住引脚，用热风加热（注意引脚容易弯曲），如图 7-51 所示。

（2）焊锡熔化后，用图 7-52 所示的真空笔取下集成块。

图 7-51　热风枪加热集成块

真空笔

图 7-52　真空笔示意图

（3）面积较大的集成块，可以按图 7-53 的方法取下，即使用比集成块稍大一点的热风嘴加热集成块，然后取下。

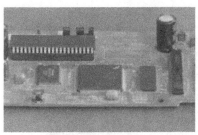

（a）大面积集成块　　　　　　　　　（b）热风枪取下

图 7-53　大面积集成块取下

 **想一想**

SMC 元器件的焊接方法有哪些？

## 三、考核评价

| 序　号 | 项　目 | 配　分 | 评价要点 | 自　评 | 互　评 | 教　师评　价 | 平　均　分 |
|---|---|---|---|---|---|---|---|
| 1 | SMC 元件的焊接 | 25 分 | SMC 元件安装焊接正确（25 分） | | | | |
| 2 | SMC 元件的取下 | 25 分 | SMC 元件的取下操作正确（25 分） | | | | |
| 3 | 平面封装集成块的焊接 | 25 分 | 会平面封装集成块的焊接（25 分） | | | | |
| 4 | 平面封装集成块的取下 | 25 分 | 会平面封装集成块的取下（25 分） | | | | |
| 材料、工具、仪表 | | | 每损坏或者丢失一样扣 10 分<br>材料、工具、仪表没有放整齐扣 10 分 | | | | |
| 环保节能意识 | | | 视情况扣 10～20 分 | | | | |
| 安全文明操作 | | | 违反安全文明操作（视其情况进行扣分） | | | | |
| 额定时间 | | | 每超过 5 分钟扣 5 分 | | | | |
| 开始时间 | 结束时间 | | 实际时间 | | 综合成绩 | | |
| 综合评议意见（教师） | | | | | | | |
| 评议教师 | | | 日期 | | | | |
| 自评学生 | | | 互评学生 | | | | |

## 四、相关知识扩展

### SMT 生产过程中常见异常分析及处理

#### 1．焊锡珠产生的原因及处理

焊锡珠现象是表面贴装（SMT）过程中的主要缺陷，主要发生在片式阻容组件的周围，由诸多因素引起，如图 7-54 所示。

图 7-54　焊锡珠现象图

（1）产生原因：

① 焊膏的选用不当；

② 钢板（模板）开口不好、钢板的厚度选择不当；

③ 贴片机的贴装压力选择不当；

④ 炉温曲线的设置不当。

（2）解决方法：

① 选用合适的锡膏；

② 钢板的开口比焊盘的实际尺寸减小 10%；

③ 钢板的厚度选择合适，通常在 0.13～0.17mm；

④ 贴片机的贴装压力调试合适；

⑤ 调整回流焊的温度曲线，采取较适中的预热温度和预热速度来控制锡珠的产生。

## 2．立碑问题分析及处理

矩形片式组件的一端焊接在焊盘上，而另一端则翘立，这种现象就称为立碑。引起该种现象主要原因是锡膏熔化时组件两端受力不均匀所致，如图 7-55 所示。

图 7-55　立碑现象图

（1）产生原因：

① 热效能不均匀，焊点熔化速率不同；

② 元器件两个焊端或 PCB 焊盘的两点可焊性不均匀；

③ 在贴装组件时偏移过大，或锡膏与组件连接面太小。

（2）解决方法：

① 适当提高回流曲线的温度；

② 严格控制线路板和元器件的可焊性；

③ 严格保持各焊接角的锡膏厚度一致；

④ 避免环境发生大的变化；

⑤ 在回流中控制元器件的偏移；

⑥ 提高元器件角与焊盘上锡膏之间的压力。

## 3．桥接问题分析及处理

桥接就是焊点之间有焊锡相连造成短路，如图 7-56 所示。

（1）产生原因：

① 由于钢网开孔与焊盘有细小偏差，造成锡膏印刷不良有偏差；

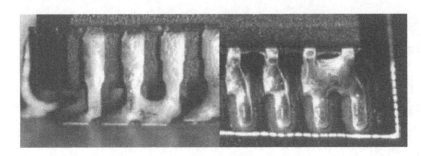

图 7-56　焊点桥接

② 锡膏量太多可能是钢网开孔比例过大；

③ 锡膏塌陷；

④ 锡膏印刷后的形状不好，成型差；

⑤ 回流时间过慢；

⑥ 元器件与锡膏接触压力过大。

（2）解决方法：

① 选用相对黏度较高的锡膏，一般来说，含量在 85%～87%之间桥接现象较多，至少合金含量要在 90%以上；

② 调整合适的温度曲线；

③ 在回流焊之前检查锡膏与器件接触点是否合适；

④ 调整钢网开孔比例（减少 10%）与钢网厚度；

⑤ 调整贴片时的压力和角度。

**4．其他常见印刷不良的诊断及处理**

（1）印刷完毕，锡膏附近有多余锡膏或毛刺。

原因：刮刀压力不足，刮刀角度太小，钢板开孔过大，PCB 中的 PAD 尺寸过小（与 Gerber File 内数据比较），印刷未对准，印刷机 SNAP OFF 设定不合理，PCB 与钢板贴合不紧密，锡膏黏度不足，PCB 或钢板底部不干净。

（2）锡膏塌陷或锡膏粉化：锡膏在 PCB 上的成型不良，出现塌陷或粉化现象。

原因：锡膏内溶剂过多，钢板底部擦拭时过多溶剂，锡膏溶解在溶剂内，擦拭纸不卷动，锡膏质量不良，PCB 印刷完毕在空气中放置时间过长，PCB 温度过高。

（3）锡膏拉尖（狗耳朵）。

原因：钢板开孔不光滑，钢板开孔尺寸过小，脱模速度不合理，PCB 焊点受污染，锡膏质量异常，钢板擦拭不干净。

（4）少锡：板子上锡膏量不足。

原因：钢板开孔尺寸不合理，钢板塞孔，钢板赃污，脱模速度方式不合理。

# 任务8　FM 贴片收音机手工制作

## 一、任务描述

以 FM 贴片收音机为载体，练习 SMT 基本生产工艺过程，在制作过程中主要掌握：

（1）SMT 生产工艺；

（2）锡膏手工印刷、SMC/SMD 手工贴片、台式回流焊接机等的操作；

（3）了解电子产品生产管理的方法和技能。

## 二、任务实施

### 1. 选择 FM 贴片收音机制作工艺

（1）本任务采用的收音机型号为 ZX2301 电调谐单片 FM 收音机，其接收频率为 87～108MHz，电源为 1.8～3.5V，核心部件为 SC1088 收音机集成电路。采用低中频 （70kHz）技术，外围电路省去了中频变压器和陶瓷滤波器，电路简单可靠，调试方便。采用 SOT16 引脚封装，其电路图如图 7-57 所示。

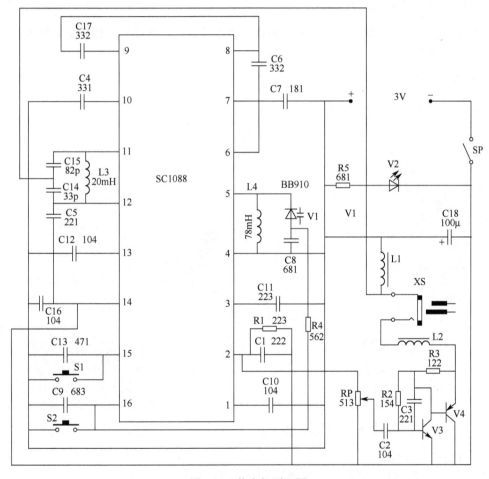

图 7-57　收音机原理图

（2）FM 调频信号由耳机线和 C14、C13、C15 及 L1、ICSC1088 的 11、12 引脚组成混频电路接收。此处 FM 信号是没有调谐的调频信号，所有调频电台信号均可进入。

（3）本振调谐电路控制变容二极管 V1 的电压由 IC 第 16 引脚给出。按下 S1 按键时，IC 内部恒流源由 16 引脚向电容 C9 充电，C9 两端电压不断上升，V1 电容量不断变化。V1、C8、L4 构成本振电路频率不断变化而进行调谐。收到电台信号后，IC 恒流源停止对 C9 充电，AFC

锁定节目频率，稳定接收广播。再次按下 S1 按键重新搜索。按下 S2 键时，电容 C9 放电，本振频率回到最低端。

（4）中频放大、限幅与鉴频电路均在 IC 内 FM 广播信号和本振电路信号在 IC 内混频器中混频产生 70kHz 的中频信号，经内部放大器、中频限幅器，送到鉴频器检出音频信号，经内部环路滤波后由 2 引脚输出音频信号。1 引脚的 C10 为静噪电容，3 引脚的 C11 为环路滤波电容，6 引脚的 C6 为中频反馈电容，7 引脚的 C7 为低通电容，13 引脚的 C12 为中限幅器失调电压电容，C13 为滤波电容。

（5）耳机放大电路本机采用晶体管放大电路。2 引脚输出音频信号经电位器 Rp 调节电量后，由 V3、V4 组成复合管甲类放大。R1 和 C1 组成音频输出负载，线圈 L1 和 L2 为射频隔离线圈。

### 2．FM 收音机的制作工艺

电路板类型是单面混装型，制作工艺流程是采用先贴片，再插件，然后组装调试，其工艺流程图如图 7-58 所示。

### 3．安装前检查

SMB 检查内容如图 7-59 所示。

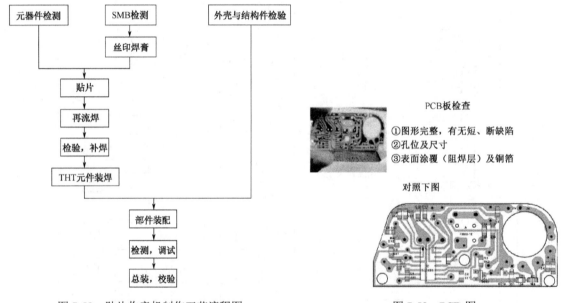

图 7-58　贴片收音机制作工艺流程图　　　　图 7-59　PCB 图

（1）外壳及结构件。
① 按材料表清查零件品种规格及数量（表面组装元器件除外）；
② 检查外壳有无缺陷及外观损伤。
（2）THT 元件检测。
① 电位器阻值调节特性；
② LED、线圈、电解电容、插座、开关的好坏；
③ 判断变容二极管的好坏及极性。
（3）BOM 物料清单。物料清单（Bill of Material，BOM）是指产品所需要的零部件的清单

及组成结构，即生产一件产品所需的子零件及其产品中零件数量的完全组合，如表 7-8 所示。

**表 7-8　贴片收音机元件清单**

| 类别 | 代号 | 规格 | 型号/封装 | 数量 | 备注 | 类别 | 代号 | 规格 | 型号/封装 | 数量 | 备注 |
|---|---|---|---|---|---|---|---|---|---|---|---|
| 电阻 | R1 | 222 | 2012<br>(2125)<br>RJ 1/8W | 1 | | 电感 | *L1 | | | 1 | 磁环 |
| | R2 | 154 | | 1 | | | *L2 | | | 1 | |
| | R3 | 122 | | 1 | | | *L3 | 70nH | | 1 | 8 匝 |
| | R4 | 562 | | 1 | | | *L4 | 78nH | | 1 | 5 匝 |
| | *R5 | 681 | | 1 | | 晶体管 | *V1 | | BB910 | 1 | |
| 电容 | C1 | 222 | 2012<br>(2125) | 1 | | | *V2 | | LED | 1 | |
| | C2 | 104 | | 1 | | | V3 | 9014 | SOT-23 | 1 | |
| | C3 | 221 | | 1 | | | V4 | 9012 | SOT-23 | 1 | |
| | C4 | 331 | | 1 | | 塑料件 | 前盖 | | | 1 | |
| | C5 | 221 | | 1 | | | 后盖 | | | 1 | |
| | C6 | 332 | | 1 | | | 电位器钮（内、外） | | | 各1 | |
| | C7 | 181 | | 1 | | | 开关钮（有缺口） | | | 1 | scan 键 |
| | C8 | 681 | | 1 | | | 开关钮（无缺口） | | | 1 | reset 键 |
| | C9 | 683 | | 1 | | | 卡子 | | | 1 | |
| | C10 | 104 | | 1 | | 金属件 | 电池片（3 件） | | | 正，负，连接片<br>各 1 | |
| | C11 | 223 | | 1 | | | 自攻螺钉 | | | 3 | |
| | C12 | 104 | | 1 | | | 电位器螺钉 | | | | |
| | C13 | 471 | | 1 | | 其他 | 印制板 | | | 1 | |
| | C14 | 330 | | 1 | | | 耳机 32Ω×2 | | | 1 | |
| | C15 | 820 | | 1 | | | Rp（带开关电位器 51k） | | | 1 | |
| | C16 | 104 | | 1 | | | S1、S2（轻触开关） | | | 各1 | |
| | *C17 | 332 | CC | 1 | | | XS（耳机插座） | | | 1 | |
| | *C18 | 100μ | CD | 1 | | | | | | | |
| | *C19 | 104 | CT | 1 | 223-104 | | | | | | |
| IC | A | | SC1088 | 1 | | | | | | | |

**4．FM 贴片收音机 SMT 工艺流程与设备选择**

（1）SMT 主要工艺流程。包括来料检查、丝网印刷（锡膏）、元件贴装、回流焊接和成品检测五部分，如图 7-60 所示。

其中，丝网印刷是指使用网板、刮刀和丝印台将焊锡膏准确均匀地分布到所需焊接的各个焊盘上。锡膏印刷所需的工具有不锈钢网板、不锈钢刮刀和丝印台。

元件贴装是指使用吸笔或者贴片台将元器件准确地放置在 PCB 的焊盘上。元件贴装所需的工具有吸笔、贴片台，如果要贴装 BGA 元件，则需要配置 BGA 贴装系统。

图 7-60　SMT 主要工艺流程

回流焊接是指使用回流焊机将 PCB 上的焊锡膏溶化，将元件和 PCB 焊盘连接在一起。回流焊接所需的工具有回流焊机，为了提高工作效率，可以配备 PCB 托架。

（2）工艺设备选择，如表 7-9 所示。

表 7-9　工艺设备选择

| 序　号 | 设　备　名　称 | 设　备　外　观 | |
|---|---|---|---|
| 01 | 丝印台（手工印刷台） | 手动印刷台 | 手动精密印刷台 |
| 02 | 不锈钢模板 | | |
| 03 | 元件架 | | |
| 04 | 手工贴片台 | | |
| 05 | 贴片吸放台 | | |
| 06 | 回流焊机 | | |

### 5．FM 收音机的手工印刷过程

（1）准备工作。

① 印锡操作员应依据物料通知单的要求提前 1 小时从物料库领取钢网、锡膏、PCB、酒精、牙刷、铲刀及白布等工具和辅料。

② 确认钢网与 PCB 的符合性（核对 P/N）及锡膏已经回温，发现异常，应拒绝领用。

③ 钢网定位前先用酒精、白碎布及风枪等工具，对钢网开孔及手印工作台进行清洁一次，以防止堵孔或造成印刷残缺。

（2）PCB 的定位及钢网的调整。确定 PCB 印锡方向后，将待印锡的 PCB 放置于手印工作台大约中心位置，利用双面胶，将 PCB 紧靠着待印锡的 PCB 三面板边，固定在手印工作台上，如图 7-61 所示。

图 7-61　PCB 的定位及钢网的调整

（3）锡膏印刷作业。

① 取出 1 瓶已经回温 4 小时以上的锡膏，拧开瓶子外盖并取出内盖，用铲刀将锡膏搅拌均匀，手工搅拌速度 2～3 秒/转，持续时间 2～5 分钟，使其成流状物如图 7-62 所示。

图 7-62　锡膏及其搅拌

② 用铲刀沿钢网漏孔上方的 X 方向均匀加入适量锡膏。

③ 剩余的锡膏要盖上内盖，内盖下推接触到锡膏面，挤出内盖和锡膏间空气，然后拧紧外盖。如不继续使用，要放回冰箱存储，但放回冰箱存储前要用胶带纸密封瓶口缝隙。

④ 将待印锡的 PCB 放置于手印工作台固定位置内，用刮刀试印一块 PCB，目视检查有无偏位、漏印、少锡、连锡等缺陷；如果达不到要求，要采取纠正措施（若有偏位，重新调整手印工作台位置），在解决问题后，印刷 PCB，交 IPQC 确认。

⑤ 刮刀印刷角度应控制在 45°～60°，刮刀印刷速度应控制在 30～60mm/s 为佳；钢网上

的印刷范围应是干净的，不能有明显的锡膏层覆盖其上。

⑥ 转入正式连续生产后，随着印刷的进行，印刷刮刀上的锡膏会向刮刀两侧展延而停留在钢网的非印刷区，导致印刷区锡膏量不足。此时操作员应用铲刀将展延的锡膏铲回到印刷区域，然后继续印刷。

⑦ 印刷过程中，必须每隔 10 分钟，用白布、酒精及风枪清洁钢网底部，以防止堵孔或造成印刷残缺。

⑧ 当印刷一段时间，锡膏消耗到一定程度，刮刀与钢网间的锡膏量不足而导致锡滚动不顺畅，此时应及时添加锡膏，添加适量锡膏，以确保锡膏新鲜性及滚动灵活性。

⑨ 不印刷时，锡膏在钢网上停留时间不超过 30 分钟。若超过，必须将锡膏收回重新搅拌。

⑩ 印刷了锡膏的板不符合质量要求或超过 30 分钟没有贴片而需要清洗时，则用白布沾酒精清洗干净 PCB 表面，PCB 贯穿孔内则需用酒精浸润后再用风枪吹净。不允许 PCB 上有任何锡膏残留。

PCB 从印刷了锡膏开始到完成该面回流焊接，要在 1 小时内完成。

（4）印刷作业完成工作。

① 当生产（印刷）完成后，操作员用刮刀将钢网上的锡膏回收到另一锡膏空瓶中，并贴上标签，注明已开封使用日期，密封后退仓保管。

② 使用过的锡膏与原封装未用完的锡膏，须分开瓶子封装，并贴上标签标识。严禁将印刷使用过的锡膏回收到原封装未用完锡膏的瓶内。

③ 钢网用过后，先用白布沾酒精清洗，再用牙刷沾酒精清洗钢网开口，清洗时用牙刷的毛刷顺着开口方向刷洗（严禁用牙刷的杆体部分接触钢网，特别是 IC 开口部分），以彻底清除钢网开口内壁残留锡膏（重点是 IC 引脚开口内壁），最后用白布对钢网两面同时擦洗，擦洗完检查无误后立即放回对应的钢网位中（钢网按照"钢网清单"上规定的位置）。

④ 清洗完钢网后，用白布、铲刀及酒精，把手印台及刮刀洗干净。

（5）安全注意事项。

使用焊膏时操作员一定要戴上手套或指套，尽量避免触及皮肤。如果不慎触及皮肤，必须先用碎布沾酒精擦洗，然后用肥皂和清水清洗。特别是在用餐之前，一定要洗掉手上粘有的焊膏；如果不慎焊膏触及到眼睛，必须立刻用温水冲洗 20 分钟，并及时到医院进行治疗。

### 6. FM 收音机的手工贴片

（1）FM 收音机贴装的元器件。表面安装元器件基本上都是片状结构的，如图 7-63 所示，从结构的形状来分类，包括薄片矩形、圆柱形、扁平异形等。

（a）贴片电阻　　　　　　（b）贴片电容　　　　　　（c）集成IC

图 7-63　FM 收音机贴装的元器件

（2）FM收音机贴装使用的工具或设备。手工贴片所使用的工具一般有吸笔、贴片台和BGA专用贴装系统，为了保证贴片效率和品质，需要根据元件的封装类型选择合适的工具。

真空吸笔是一种跟自动贴片机的贴装头很相似的工具，它的头部有一个用真空泵控制的吸盘，在笔杆的中部有一个小孔，当用手指堵塞小孔时，头部的负压把元件从料盒里吸起，当手松开时，元件就被释放到电路板上，如图7-64所示。吸笔主要用于贴装尺寸比较小的元件，如果贴装大型的芯片，则需要使用贴片台。

贴片台是将吸笔固定在贴装头上，起稳定作用，吸取头的真空靠手动按钮控制，如图7-65所示。它比吸笔有更高的精度和稳定性，配合微调台可以保证贴片的准确性。贴片台主要用于贴装引脚多，引脚间距比较小的芯片，如QFP、TSOP等。如果芯片的封装是BGA形式，那么需要使用BGA专用贴装系统。

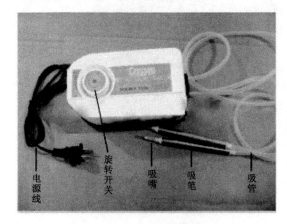

图7-64　真空吸笔

图7-65　贴片台

注意事项：

① SMC和SMD不得用手拿；

② 有字一面向上；

③ IC标记方向要正确；

④ 贴片电容表面没有标志，要保证准确及时贴到指定位置；

⑤ 检查贴片数量及位置；

⑥ 放大镜台灯检查元件，有无贴错、贴反、贴斜。

### 7. FM收音机的回流焊接

手工制作使用的回流焊炉采用是抽屉式结构，如图7-66所示，首先设定参数再将贴装好的电路板置入工件盘，按"加热"键，工件在加热炉内按设定的工艺条件依次完成预热、焊接和冷却，整个过程约4分钟。

### 8. FM收音机的手工炉后检验

（1）检验工具。炉后采用目视检验，目视检验工具主要有放大镜台灯和显微镜，如图7-67所示。

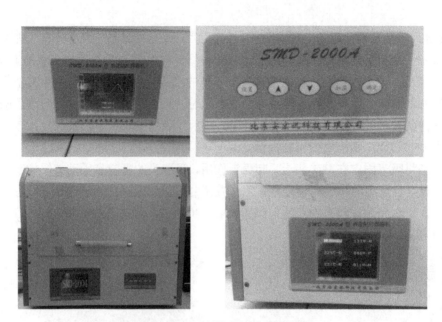

图 7-66  手工制作使用的回流焊炉

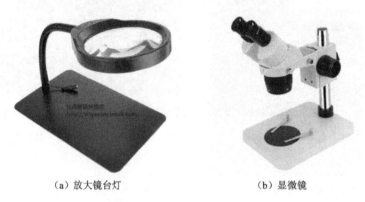

（a）放大镜台灯        （b）显微镜

图 7-67  目视检验工具

（2）焊接后的 PCB 组件检验。检验的电路板如图 7-68 所示，主要的焊接不良现象如图 7-69 所示。

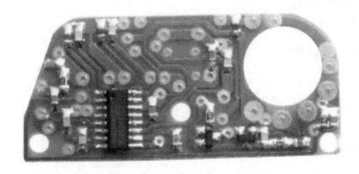

图 7-68  FM 收音机 PCB 组件

（a）锡珠

（b）曼哈顿

（c）不浸润

（d）Short

（e）Clack、剥离

（f）偏离

图 7-69　主要的焊接不良

## 三、考核评价

| 序　号 | 项　目 | 配　分 | 评价要点 | 自　评 | 互　评 | 教　师评　价 | 平　均　分 |
|---|---|---|---|---|---|---|---|
| 1 | 印刷准备 | 10分 | 正确搅拌锡膏，回温，准备印刷工具（10分） | | | | |
| 2 | 印刷作业 | 20分 | 正确固定网板、PCB（10分）印刷作业操作规范（10分） | | | | |
| 3 | 手动贴片 | 20分 | 元件的位置合格（10分）所贴的数量合格（10分） | | | | |
| 4 | 手动贴片机的操作与设定 | 20分 | 贴片机的安放正确（5分）贴片机的操作正确（10分）吸嘴的准确选择（5分） | | | | |
| 5 | 手工回流焊 | 10分 | 设备设置正确（10分） | | | | |
| 材料、工具、仪表 | | 10分 | 每损坏或者丢失一样扣10分 材料、工具、仪表没有放整齐扣10分 | | | | |
| 安全文明操作 | | 5分 | 违反安全文明操作（视其情况进行扣分） | | | | |
| 额定时间 | | 5分 | 每超过5分钟扣5分 | | | | |
| 开始时间 | | 结束时间 | | 实际时间 | | 综合成绩 | |
| 综合评议意见　（教师） | | | | | | | |
| 评议教师 | | | | 日期 | | | |
| 自评学生 | | | | 互评学生 | | | |

# 习　题

1. SMT 手工生产线组成部分有哪些？
2. 锡膏的组成部分有哪些？
3. PCB 网板的制作方法有哪些，各有哪些优缺点？
4. 手工贴片的动作要领有哪些，如何确定是否符合质量要求？
5. 实行质量认证制度的意义是什么？
6. 5S 的内涵是什么？如何执行 5S 标准？
7. 如何判定锡膏印刷效果？
8. PCBA 的检测方法有哪些？

## 第8章

# SMT 自动化生产

SMT 自动生产主要涉及自动化生产设备的使用，本章针对几种典型的自动化设备的使用来展开教学任务。主要介绍：自动化生产所需要的生产环境设计；锡膏的全自动印刷；贴片机的原理及操作方法；无铅回流焊接机的操作与炉温设置；光学检测仪的操作。

## 任务1　锡膏的全自动印刷

### 一、任务描述

熟悉全自动印刷机的原理及操作，掌握全自动印刷工艺。

### 二、实际操作

#### 1. 认识全自动印刷机和相关配件

（1）外观和结构。提供 GKG G5 全自动印刷机一台，印刷机的外观和结构如图 8-1 所示。

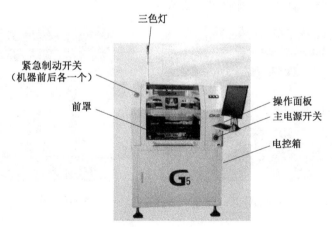

图 8-1　GKG G5 印刷机外观和结构图

（2）印刷机相关配件。

① 三色灯。如图 8-2 所示，红灯表示机器出现异常报警；绿灯表示机器正常工作；黄灯

表示机器处于待命状态。

　　② 刮刀上下控制部分，如图8-3所示。

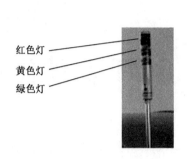

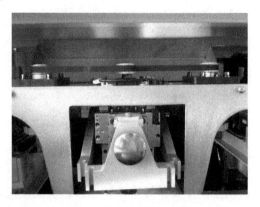

　　图8-2　三色灯　　　　　　　　　　图8-3　刮刀上下控制部分

　　③ 网框固定部和CCD相机，如图8-4所示。

图8-4　网框固定部和CCD相机

　　④ 工作台驱动部分，如图8-5所示。
　　⑤ 印刷工作台及运输导轨，如图8-6所示。

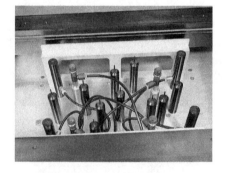

　　图8-5　工作台驱动部分　　　　　　　图8-6　印刷工作台及运输导轨

**2．锡膏印刷机操作**

　　（1）系统启动。检查所输入电源的电压、气源的气压是否符合要求；检查机器各接线是否连接好；检查设备是否良好接地。

　　打开机器主电源开关，自动进入主窗口，如图8-7所示。操作程序如下：打开总电源开关

→打开气源开关→打开机器主电源开关→进入机器主窗口。

（2）打开主窗口。

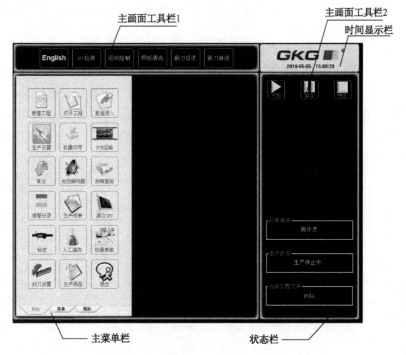

图 8-7　主窗口

主窗口包括五个部分：主菜单栏、主画面工具栏 1、主画面工具栏 2、时间显示栏、状态栏。

（3）新建工程。单击开始工具栏中"新建工程"图标，弹出"创建新目录"对话框，在"文件目录"栏输入正确的工程名，单击"确认"按钮，完成新工程的创建，如图 8-8 所示。

（4）打开工程。单击开始工具栏中的"打开工程"按钮，弹出"调用程序"对话框，显示文件列表信息，包括文件名称、最后修改日期以及来源位置，如图 8-9 所示。

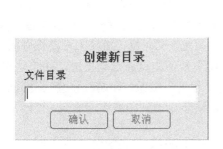

图 8-8　"创建新目录"对话框

图 8-9　"调用程序"对话框

在文件列表中，选中需要打开的文件，"名称"栏将显示选中的文件名。

① 选中需要打开的文件，单击"打开"按钮，打开文件，关闭"调用程序"对话框，主窗口的状态栏显示当前打开的文件。

② 选中需要删除的文件，单击"删除"按钮，删除选中的文件，返回"调用程序"对话框，等待下一步指令。

③ 单击"取消"按钮，退出"调用程序"对话框，不进行操作。

（5）数据录入。其作用是设定或修改 PCB 参数设置及刮刀压力、运输、印刷、清洗等参数，操作如下：单击开始工具栏中"数据录入"图标，弹出"数据录入第一页"对话框，在该对话框中可进行"PCB 设置"、"钢网设置"、"运输设定"、"控制方式"（系统默认为自动）、"印刷设置"、"脱模设置"、"清洗设置"、"取像设置"、"预定生产数量"等参数的设定，如图 8-10 所示。

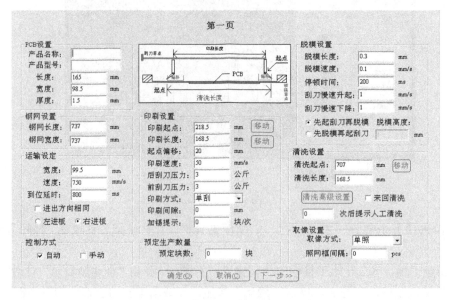

图 8-10 "数据录入第一页"对话框

① "运输设定"栏：运输宽度是根据"PCB 板宽+1"自动生成，用户可以不必更改它，如果需要更改，其输入值必须大于 PCB 板的宽度；运输速度、到位延时以及进出板的方向，用户可以根据自己的需要设定。

② "控制方式"栏：默认控制方式为"自动"，可根据需要改变为"手动"。选择"自动"，则生产、清洗等操作自动完成；选择"手动"，则生产分成多步，需要一一确认，清洗方式也更改为"手动清洗"方式，在正常生产过程中，机器会按图 8-11 所示对话框中所输入的"清洗间隔"生产完一定数量的产品后自动停下，并出现"人工清洗"对话框，等待人工清洗网板。

③ "印刷设置"栏："印刷起点"、"印刷长度"数值由软件自动生成，用户也可以根据生产的实际情况进行修改，单击"印刷起点"旁的"移动"按钮，印刷轴将会运动到印刷起点位置；单击"印刷长度"旁的"移动"按钮，印刷轴将会运动到印刷终点位置。"印刷方式"可以设置为"单刮"或"双刮"。

④ "预定生产数量"栏：可以设定预定生产 PCB 板的数量。

⑤ "脱模设置"栏：脱模长度、脱模速度、停顿时间、刮刀慢速升起以及刮刀慢速下降，用户可以根据需要对其更改，但建议使用默认值；脱模方式分为两种，即"先起刮刀再脱模"

和"先脱模再起刮刀"，选择了"先脱模再起刮刀"后可以对"脱模高度"进行设置。

⑥ "清洗设置"栏："清洗起点"值可以不用设置，在输入 PCB 板宽度后，清洗起点自动生成；单击"清洗起点"旁的"移动"按钮，印刷轴运动到清洗起点位置；选中"来回清洗"复选框，则在正常生产过程中，实行双向清洗。单击"清洗高级设置"按钮，进入如图 8-11 所示的对话框。

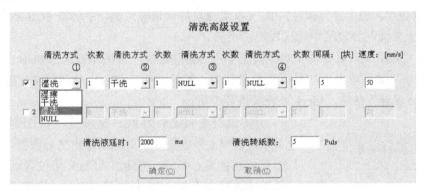

图 8-11　"清洗高级设置"对话框

⑦ "取像设置"栏：可设置视觉校正的"取像方式"——双照或单照，在有钢网时选择"双照"，无钢网时选择"单照"；还可对印刷精度进行设置。

在进行参数设置时，如所输入的数值超出机器设置范围，屏幕会显示"输入超出范围"的错误提示信息，并告诉用户所输入参数的机器设置范围。

以上参数设置好以后，单击"数据录入第一页"对话框上的"确定"按钮，回到主窗口画面；单击"取消"按钮，取消以上设置，机器仍为前次录入的参数，并回到主窗口画面。

单击"数据录入第一页"对话框中的"下一步"按钮，会弹出"下一步将调整运输导轨宽度"提示框，单击"确定"按钮，则调节导轨宽度进入"数据录入第 2 页"对话框，如图 8-12 所示。

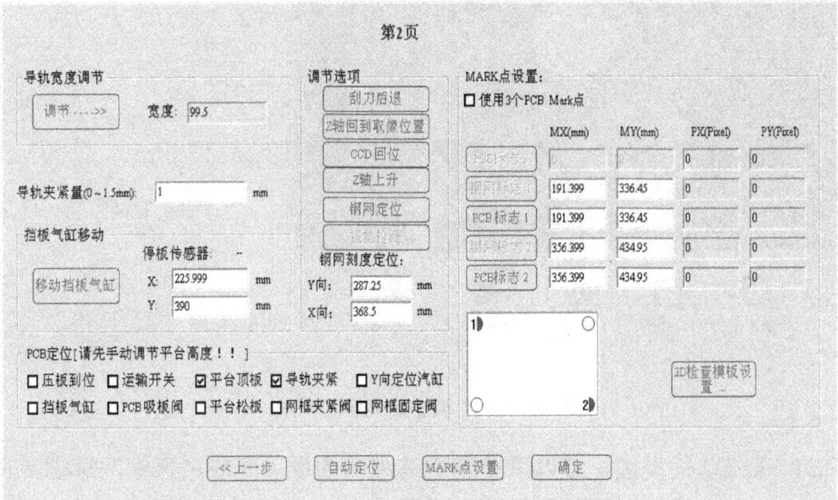

图 8-12　"数据录入第 2 页"对话框

在"数据录入第 2 页"对话框中可进行"导轨宽度调节"、"挡板气缸移动"、"刮刀后退"、"Z 轴回到取像位置"、"CCD 回位"、"Z 轴上升"、"钢网定位"等参数调节。

（6）PCB 定位调试的操作程序。确认 PCB 顶升平台高度→移动挡板气缸→打开停板气缸→打开运输开关→PCB 从入口处进板→关闭运输开关→打开 PCB 吸板阀→关闭停板气缸（收回）→平台顶板→导轨夹紧→CCD 回位→打开 Z 轴上升手调网框（使网板位置与 PCB 焊盘对齐）→打开网框固定阀→打开网框夹紧阀→Z 轴下降（Z 轴下降至取像位置）→单击"下一步"按钮，选择 PCB 松板，退出"数据录入第 2 页"对话框。

注意：单击"Z 轴上升"按钮，使 PCB 支撑块处入顶板位置，手动将 PCB 放于支撑块上，确认 PCB 板上表面与导轨两中间压板表面平齐。

① 单击"数据录入第 2 页"对话框左下角"自动定位"按钮即可进行 PCB 的定位设置。

② 标志点采集。单击"Z 轴回到取像位置"按钮，使工作台运动到取像位置，此时再单击"MARK 点设置"按钮，Mark 点设置选项可用。

图 8-13  "Mark 点位置设置"对话框

③ 选择需要定制的 PCB 标志点，单击"数据录入第 2 页"对话框上白色图片中对应的红色空心圆圈，红色空心圆圈变成红色实心半圆，并弹出"Mark 点位置设置"对话框，用于输入标志点与 PCB 板边缘 X、Y 向的距离，方便机器更快捷地找到标志点，如图 8-13 所示。

④ 单击"PCB 标志 1"按钮，出现"模板定制"对话框，如图 8-14 所示。

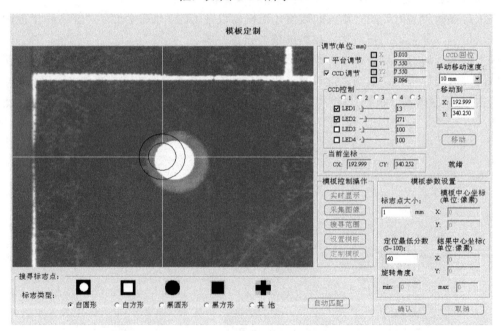

图 8-14  "模板定制"对话框

调节 LED1、LED2 的亮度，可以采集到更清晰的图像。而在进行钢网标志点图像采集时，调节 LED3、LED4 的亮度，以便得到更好的效果。

⑤ 单击图 8-14 对话框中的"移动"按钮，然后根据对话框中"手动移动速度的设置"用手移动键盘上的箭头键（←↑→↓）或用鼠标移动，待寻找到标志图像后再单击"自动匹配"按钮将图像定位（即用红色方框将标志点图像包容），如图 8-15 所示。

图 8-15　标志点图像

⑥ 在图 8-14"模板控制操作"栏中，连续单击如图 8-16 所示的顺序框按钮确认（此方法的效果与"自动匹配"一样），然后单击"确认"按钮，返回"数据录入第 2 页"对话框。

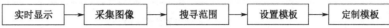

图 8-16　设定印刷顺序框

⑦ 在"模板定制"对话框中，单击右下角的"确认"按钮，标志点采集完成，数据得到保存，退回到"数据录入第 2 页"对话框。

⑧ 参照第⑤、⑥、⑦步的操作，找出"钢网标志 1"、"钢网标志 2"、"PCB 标志 2"的 MX、MY、PX、PY 值。

以上操作完成后，单击"数据录入第 2 页"对话框下方"确认"按钮，弹出"是否要平台回位或松板"提示框，如单击"否（N）"按钮将直接进入生产。

（7）生产界面。当机器正在生产，其显示界面如图 8-17 所示。

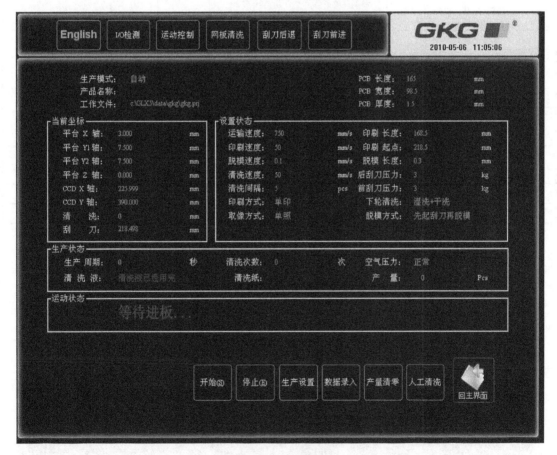

图 8-17　生产界面

## 三、考核评价

| 序 号 | 项 目 | 配 分 | 评 价 要 点 | 自 评 | 互 评 | 教 师 评 价 | 平 均 分 |
|---|---|---|---|---|---|---|---|
| 1 | 印刷机开机设置 | 10分 | 开机设置正确（10分） | | | | |
| 2 | 基准标记的设置 | 20分 | 能准确设置好 Mark 点（20分） | | | | |
| 3 | 顶针的设置 | 10分 | 顶针设置正确（10分） | | | | |
| 4 | 步骤操作的设置 | 10分 | 步骤操作参数设置的正确（10分） | | | | |
| 5 | CCD 设置 | 10分 | CCD 设置正确（10分） | | | | |
| 6 | 生产调试 | 10分 | 生产调试设置正确（10分） | | | | |
| 7 | 印刷机自动试生产 | 30分 | 印刷机自动生产合格（30分） | | | | |
| 材料、工具、仪表 | | | 每损坏或者丢失一样扣（10分）<br>材料、工具、仪表没有放整齐扣10分 | | | | |
| 环保节能意识 | | | 视情况扣 10～20分 | | | | |
| 安全文明操作 | | | 违反安全文明操作（视其情况进行扣分） | | | | |
| 额定时间 | | | 每超过 5 分钟扣 5 分 | | | | |
| 开始时间 | | 结束时间 | | 实际时间 | | 综合成绩 | |
| 综合评议意见（教师） | | | | | | | |
| 评议教师 | | | | 日期 | | | |
| 自评学生 | | | | 互评学生 | | | |

## 四、相关知识扩展

### 全自动印刷机的配套设备：上板机

### 1．控制面板功能按键说明

如图 8-18 所示为上板机操作面板，各功能按键的说明如下。

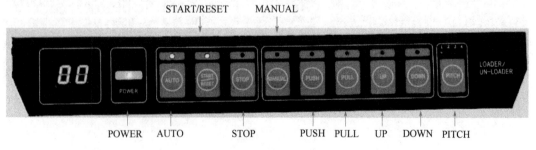

图 8-18　上板机操作面板

（1）AUTO：自动状态。调整完装板间距和入板点，并在板箱准备好以后，打到 AUTO 状态，等待进板。在该状态下，其他按钮不起作用。

（2）MANUAL：手动状态。在该状态下，可以操作其它按钮，进行设定装板间距、第一入 板点、最后入板点、按 PUSHER 键确认推板位置、将板箱送出或送入等操作。

（3）PITCH：选定装板间距。可分别设为 1、2、3、4。

（4）START/RESET：设定键/复位键。可将上板箱进行复位和设定第一入板点和最后入板点。

（5）UP：上升键。在 MANUAL 状态下，按此键将板箱升降装置上升。

（6）DOWN：下降键。在 MANUAL 状态下，按此键将板箱升降装置下降。

（7）PUSH：在 MANUAL 状态下，按此键将进箱轨道上的板箱推入板箱升降装置。

（8）PULL：在 MANUAL 状态下，按此键将板箱升降装置中的板箱送出到出箱轨道。

**2．上板机操作步骤**

1）打开电源开关。

2）上板机一般工作过程：AUTO 状态→板箱自动从进箱轨道送入板箱升降装置→板箱升降装置将板箱升到第一入板点位置→等待丝印机的要板信号→丝印机开始工作→向上板机发出要板信号→推板气缸将第一块板推入丝印机→推杆复位→板箱升降装置上升一格→等待下一要板信号→当板箱内 PCB 全部生产完后→出箱轨道将板箱输送到轨道前端→完成一个工作循环。

3）设定步距：将板箱调到下极限位置→按操作面板 PITCH 键→选择相应的 PITCH（要求元件高度大于 10MM 时，PITCH=2）→设回 AUTO 状态→结束。

4）送板位置的设定：按 MANUAL 键，切换成手动状态→按下降键→板箱下降到下极限位置→同时按住 STRAT/RESET 键→设定灯慢慢闪烁→按上升键→板箱升到第一入板点位置→按一下 STRAT/RESET 键→设定灯快速闪烁→按上升键→板箱升到最后入板点位置→按一下 SETUP 键→设定灯灭→按 AUTO 键，切换成自动状态→再按一下 RESET 键→板箱装置复位，先下降到下极限位置,然后再上升到第一入板点位置→结束。

5）正常生产过程中，要切换成 AUTO 状态。

6）生产过程中需要操作上板机时必须先打到手动状态时检查板箱前后是否有板露出。

7）停机不生产关电源。

# 任务2　全自动贴片

## 一、任务描述

现场提供 SM482 全自动贴片机 1 台，PCB 板 10 块，贴片元件 100 个。在对 482 全自动贴片机的基本结构有一定认识的基础上完成以下操作：

（1）正确完成 PCB 板的设置；

（2）正确完成元件的设置；

（3）正确完成步骤的设置；

（4）正确完成喂料器的设置；

（5）用 SM482 全自动贴片机贴片生产。

## 二、实际操作

### 1．认识 SM482 全自动贴片机

SM482 全自动贴片机外观和结构如图 8-19 所示。

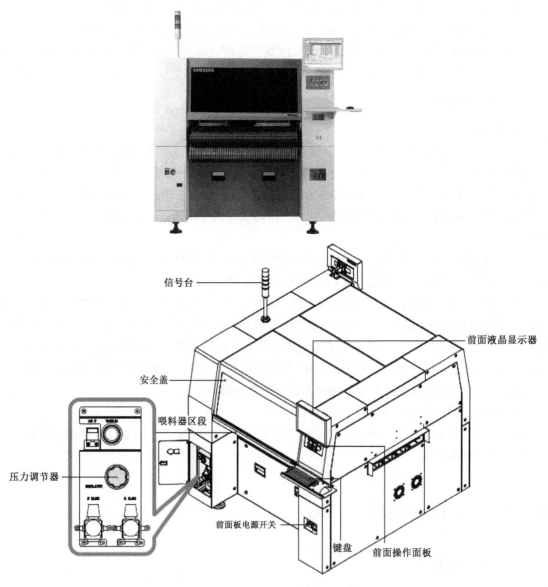

图 8-19　SM482 全自动贴片机外观图

（1）操作面板。如图 8-20 所示，其中，机器进行各项操作前，需要确认"READY"键灯亮；在进行设备编程时，需要设备处于 IDLE 状态，"STOP"键和"RESET"键均处于按下状态（灯亮），设备为 IDLE 状态；

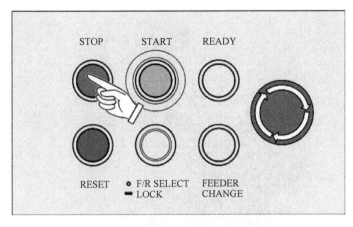

图 8-20　SM482 贴片机操作面板

（2）操作手柄。操作手柄如图 8-21 所示，通过操作手柄可以控制贴片机贴装头的移动。

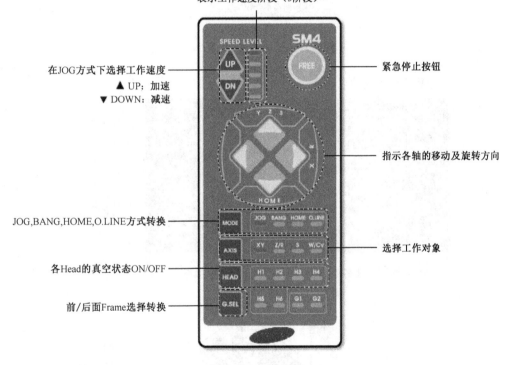

图 8-21　操作手柄

（3）贴片机的主要部件。

① 贴装头系统。SM482 贴片机的贴装头系统由 6 个贴装头组成，可以同时吸取 6 个元件（种类相同或不同），如图 8-22 所示。

② ATC 单元-自动工具更换。如图 8-23 所示，贴装头吸取不同的元器件需要不同的吸嘴，ATC 单元的作用是按照贴片机提示，依照固定的位置提供吸嘴，在贴装过程中，贴装头会自动到 ATC 单元更换吸嘴，以使得贴装过程的连续。

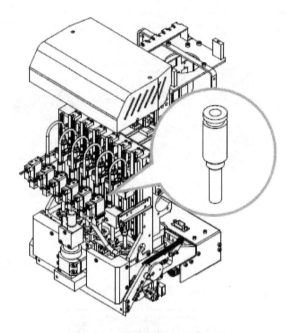

图 8-22    SM882 贴片头系统图

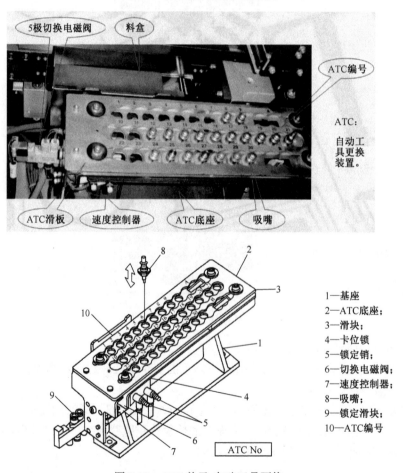

图 8-23    ATC 单元-自动工具更换

1—基座
2—ATC底座；
3—滑块；
4—卡位锁
5—锁定销；
6—切换电磁阀；
7—速度控制器；
8—吸嘴；
9—锁定滑块；
10—ATC编号

③ VCS（Vision Centering System）图像中心系统单元。VCS 的结构如图 8-24 所示，VCS 的作用是采集 PCB 上每个单元（元器件、焊盘等）的位置信息，VCS 的分辨率决定了贴片机的贴装精度。

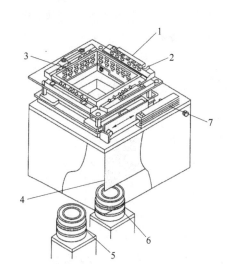
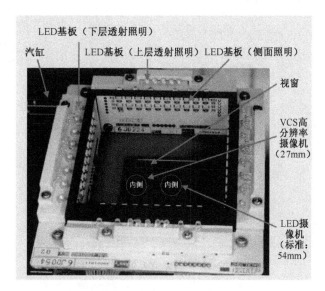

图 8-24　VCS 单元结构图

## 2．贴片程序编辑

（1）新建文件。

① 启动系统后，出现如图 8-25 所示的 PCB 编辑主界面。

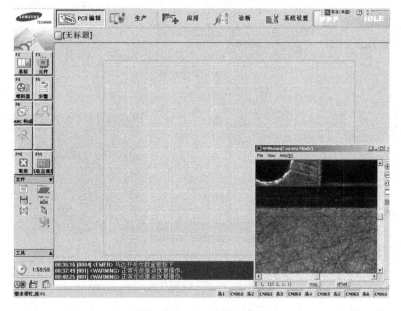

图 8-25　PCB 编辑主界面

② 设置权限。在如图 8-26 所示的 PCB 编辑管理人员界面中，"选择操作方式"为"管理人"，输入密码，单击"确定"按钮。

③ 在"文件"下拉菜单中单击"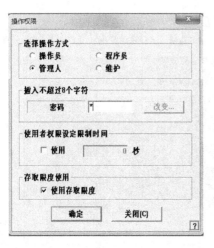"按钮，出现如图 8-27 所示的建立一个新建 PCB 文件界面。可以选中"从原有 PCB 文件拷贝数据"复选框，也可以单击"建立"按钮，新建一个 PCB 文件。

图 8-26　PCB 编辑管理人员界面

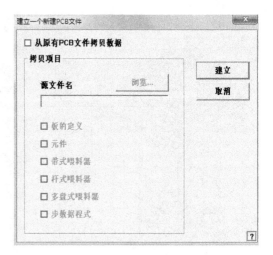

图 8-27　建立一个新建 PCB 文件界面

（2）基板的设置。

① 单击"F2 基板"按钮，进入如图 8-28 所示的 F2 基板界面，在其中输入客户名和板名称。

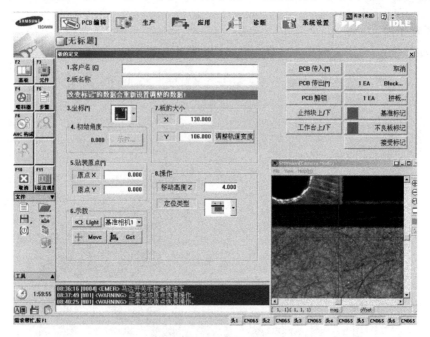

图 8-28　F2 基板界面

② 坐标选择。单击"坐标"的下拉菜单，如图 8-29 所示，进行坐标选择，一般情况选择第一种。

③ 调整轨道的宽度。如图 8-30 所示，轨道的宽度取决于板的大小，用游标卡尺测量，输入 PCB 板的 X、Y 尺寸数值后，单击"调整轨道宽度"按钮，贴片机会依照数值调整轨道，

此时要确保在轨道下的支撑台上没有顶针等其他物品，以免轨道移动时发生碰撞。

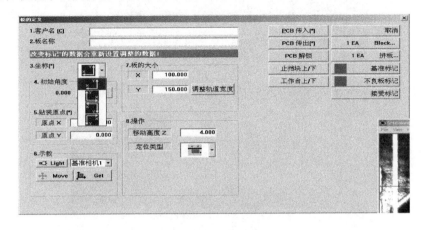

图 8-29　坐标选择

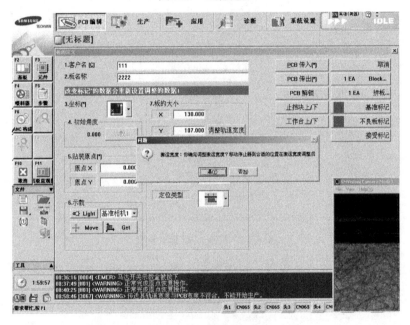

图 8-30　轨道宽度设定

④ 贴装原点的设置。在图 8-30 中，单击"5.贴装原点"的原点 X 输入栏，用操作手柄驱动摄像头采集贴装原点坐标。

（3）PCB 拼板的设置。在表面组装技术中，电路元件尺寸小、排列密集，往往 PCB 板的尺寸较小，为了提高贴片效率，往往把许多小的 PCB 拼接成一块尺寸较大的 PCB，所以，编程中需要设置"拼板"参数。

① 在板的定义完成后，单击"1EA 拼板"按钮，出现如图 8-31 所示的设置画面，根据 PCB 拼板的情况进行设置。

② 根据所选择的 PCB 的特点，比如一块 PCB 是由 5×4（X 方向 5 块板，Y 方向 4 块板）拼接而成的，在设置拼板规则类型的"数量"输入为 5×4，然后单击"适用"按钮，如图 8-32 所示，下一步需要采集 20 个贴装原点。

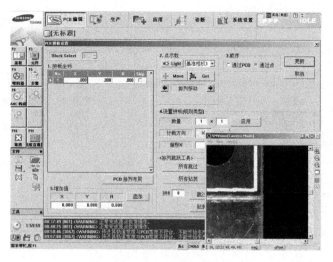

图 8-31　PCB 拼板设置主界面

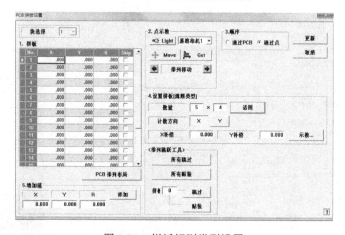

图 8-32　拼板规则类型设置

③ 基准标记（Mark 点）的设置。首先单击位置类型的下拉菜单，如图 8-33 所示。一般情况选择第三项，选择后的界面如图 8-34 所示。

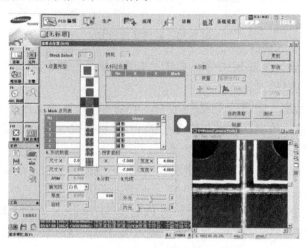

图 8-33　基准标记选择

④ PCB 板设计时，会设定好几个定位孔作为 Mark 点，操作者根据不同 PCB 的形状灵活选择 Mark 点，用操作手柄驱动摄像头到选择的定位孔位置后，单击"Get"按钮，得到 Mark 点的坐标，在弹出的对话框中单击"否"按钮。

以此操作，分别确定两个 Mark 点的坐标，如图 8-35 所示。

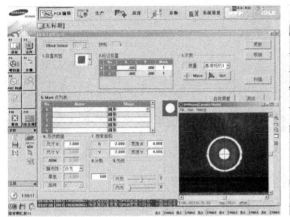

图 8-34　基准标记选择确定

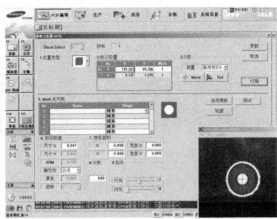

图 8-35　两个 Mark 点的坐标

⑤ 设定好 Mark 点后，单击"更新"按钮。

⑥ 单击"自我调整"按钮，如果设定正确，可以得到如图 8-36 所示的调整结果，该 Mark 点设置就完成了。

⑦ 贴片机对 Mark 点进行确认，单击"扫描"按钮，出现如图 8-37 所示的界面。

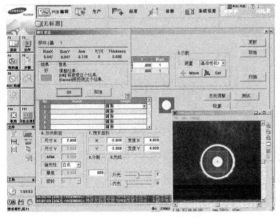

图 8-36　自我调整

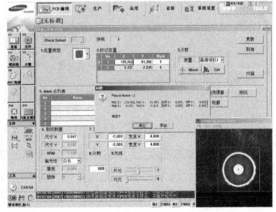

图 8-37　扫描确定

（4）元件的设置。

① 在左边菜单栏单击"F3 元件"按钮，出现如图 8-38 所示的界面，在"元件组/元件清单"进行选择需要的元器件。

② 在这里以一个电阻、一个电容、一个三极管为列进行说明，并为每一个元件命名，在图 8-39 中选择"Chip-R2012[0805]"，在如图 8-39 所示的界面中修改输入为"100R 0805"单击"OK"按钮。

图 8-38 元件设置主界面

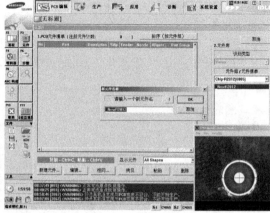

图 8-39 电阻元件设置

③ 同理，设定电容和三极管参数，设定后的界面如图 8-40 所示。

（5）步骤的设置。

① 单击"F5 步骤"按钮，进入步骤设定界面，如图 8-41 所示。

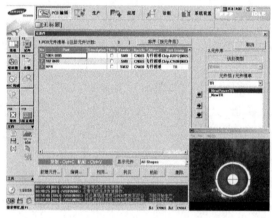

图 8-40 PCB 元件清单

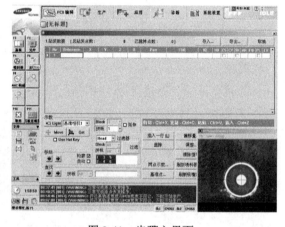

图 8-41 步骤主界面

② 根据 PCB 板上元件的个数，选择插入的行数，比如选择的是一个电阻、一个电容、一个三极管共三个元件，那么就应该插入四行，有一行为空，如图 8-42 所示。

③ 编辑元件的位号。在这里 1 位号对应于 PCB 板上的 R12，2 位号对应于 PCB 板上的 C1，3 号位对应于 PCB 板上的 Q3。

④ 确定元件的坐标。单击 R12 的 X 的值，移动摄像头，在 PCB 板上找到 R12，光标对准 R12，然后单击"Get"按钮，得到 R12 坐标，同理，可以得到 C1 和 Q3 坐标，如图 8-43 所示。

⑤ 装入物料。选择当前位置要贴的元件，如图 8-44 所示，在菜单中选择元件。

装入的物料对应菜单如图 8-45 所示。

⑥ 优化。在设置完"F2 基板"、"F3 元件"和"F5 步骤"后，需要对程序进行优化，单击"F8 优化"按钮，三星贴片机可以对程序进行优化，优化完成后，单击"Accept"按钮，完成设置，如图 8-46 所示。

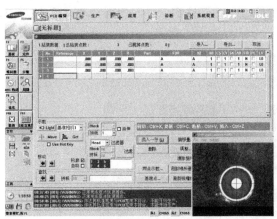

图 8-42　插入元件

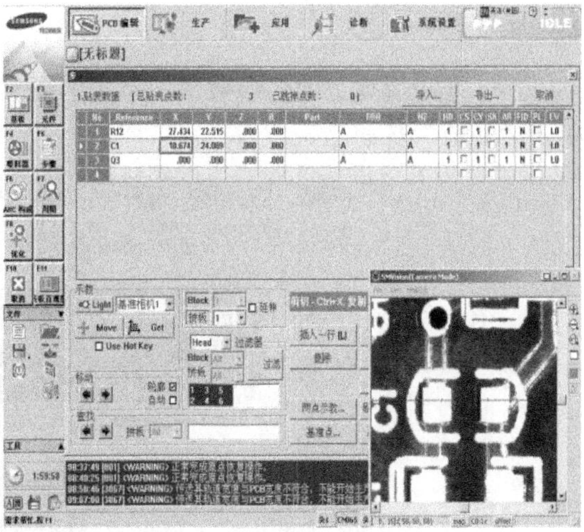

图 8-43　元件坐标确定

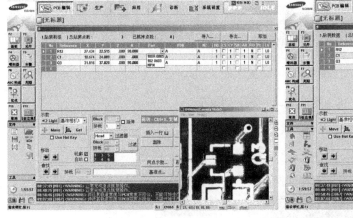

图 8-44　当前要贴元件

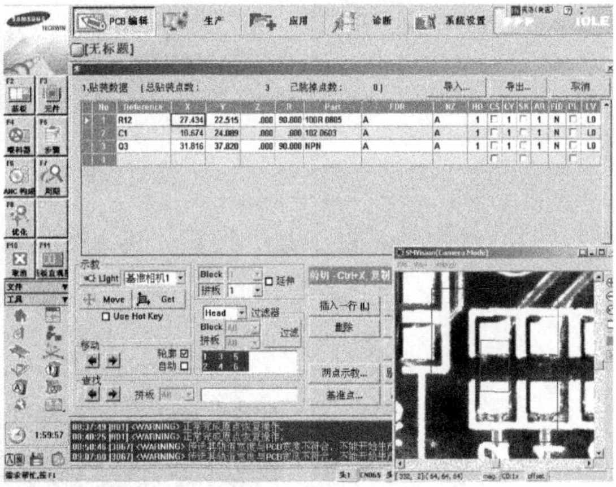

图 8-45　元件校正确定

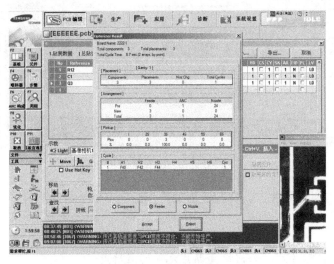

图 8-46　完成设置界面

### 3. 生产

（1）在设置完上面的参数后，单击上面菜单的"生产"按钮，进入如图 8-47 所示的界面，单击"完成"按钮。

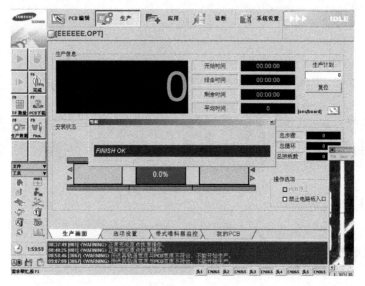

图 8-47　生产主界面

（2）单击"PCB 下载"按钮，进入如图 8-48 所示的界面。

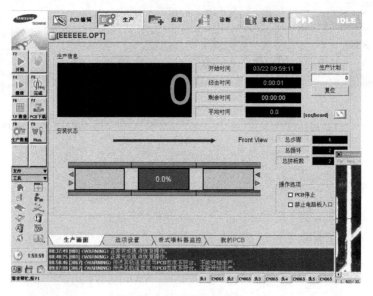

图 8-48　PCB 下载

（3）贴片机的自动贴片生产。完成上面的操作后就可以全自动贴片了。

 **想一想**

用 SM882 贴片机贴片时，如何提高贴片元件的准确度。

## 三、考核评价

| 序号 | 项目 | 配分 | 评价要点 | 自评 | 互评 | 教师评价 | 平均分 |
|---|---|---|---|---|---|---|---|
| 1 | 拼板的设置 | 10分 | 拼板的设置正确（10分） | | | | |
| 2 | 基准标记的设置 | 20分 | 能准确设置好Mark点（20分） | | | | |
| 3 | 元件的设置 | 10分 | 元件参数设置正确（10分） | | | | |
| 4 | 步骤操作的设置 | 10分 | 步骤操作参数设置的正确（10分） | | | | |
| 5 | 喂料器的设置 | 10分 | 喂料器参数设置正确（10分） | | | | |
| 6 | 生产调试 | 10分 | 生产调试设置正确（10分） | | | | |
| 7 | 贴片机自动试生产 | 30分 | 贴片机自动生产合格（30分） | | | | |
| 材料、工具、仪表 | | | 每损坏或者丢失一样扣10分 材料、工具、仪表没有放整齐扣10分 | | | | |
| 环保节能意识 | | | 视情况扣10~20分 | | | | |
| 安全文明操作 | | | 违反安全文明操作（视其情况进行扣分） | | | | |
| 额定时间 | | | 每超过5分钟扣5分 | | | | |
| 开始时间 | 结束时间 | | 实际时间 | | 综合成绩 | | |
| 综合评议意见（教师） | | | | | | | |
| 评议教师 | | | 日期 | | | | |
| 自评学生 | | | 互评学生 | | | | |

# 任务3  全热风无铅回流焊

## 一、任务描述

现场提供全热风无铅回流焊机一台，贴好元件的PCB板20块。在认识全热风无铅回流焊机的基础上完成以下操作：

（1）回流焊机的正确开机；

（2）运行参数设置；

（3）PID参数设定；

（4）机器参数设定；

（5）超温报警设定；

（6）温度补偿设定；

（7）密码修改设定；

（8）贴好元件 PCB 板的连续回流焊。

## 二、实际操作

### 1．认识全热风无铅回流焊机

图 8-49　全热风无铅回流焊机

全热风无铅回流焊机如图 8-49 所示，查阅相关资料熟悉各操作按钮。

### 2．生产前准备

打开主机，进入操作界面，双击"回流焊"图标，将显示如图 8-50 所示的界面。此界面是设备的主监控界面，主界面是监控和操作设备的重要窗口，主界面可对设备的运行动画和工作状态进行操作和监控。

在监控界面中可以监控设备的运行数据、运行动画和操作设备的工作状态。

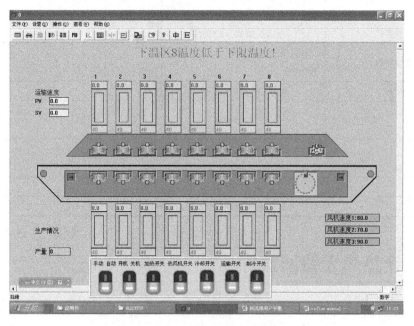

图 8-50　回流焊机主监控界面

此界面支持操作员密码功能，当密码打开时才能对设备进行操作和参数设置，否则只能监控设备运行情况，密码关闭时快捷菜单和下拉菜单都为无效灰白色，不能进行操作。密码打开时快捷菜单和下拉菜单都为黑色，可以进行操作。输入打开密码方法：单击密码锁快捷图标，将出现"输入安全密码"对话框，在该对话框中输入安全密码即可，关闭密码方法：单击密码锁快捷图标，快捷按钮又变成灰白色。

### 3. 语言选择功能

可直接在"文件"→"语言"→中进行"中文简体"、"中文繁体"、"英文"的切换，如图8-51所示。在转换时可能会出现乱码，一般重新启动软件即可，如果还是不能解决可能是系统没有相应的子库。在英文系统下，中文会出现乱码属正常。

图8-51 语言选择

### 4. 运行参数设置

单击"参数设定"按钮，弹出"参数设定"对话框，如图8-52所示。

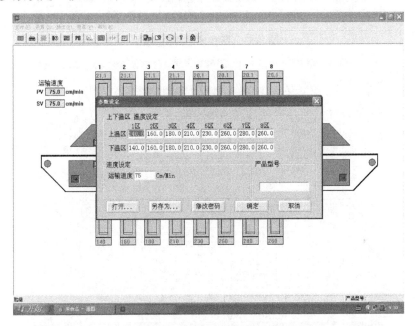

图8-52 回流焊机参数设置

在这里可以对每个温区的加热温度、网链的运输速度，以及预热、升温的焊接风机的速度进行设定。

此界面的参数可以保存，以便以后焊接同样的PCB时可以直接调用，不必逐一修改，操作方法：如图8-53所示，打开"参数设定"对话框，单击"另存"图标将弹出"另存"对话框，输入相应的文件名即可保存。

下次使用时要调出存储的运行参数：单击"打开"图标，选择相应的文件名即可打开，单击"确定"按钮便可把参数下载到PLC运行。

此界面为防止非相关操作人员错误操作，设有保护密码，（出厂时未设密码）客户可根据需要设置密码，单击"修改密码"按钮，将弹出输入密码界面，在此界面里输入密码，然后单击"确定"按钮即可，在下次设定此参数时将提示用户输入操作密码，如图8-54所示。

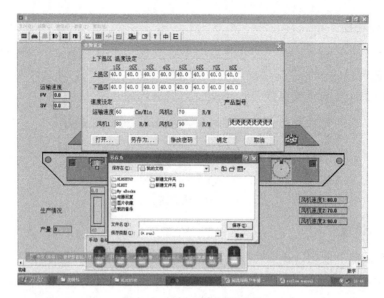

图 8-53　保存设定好的参数

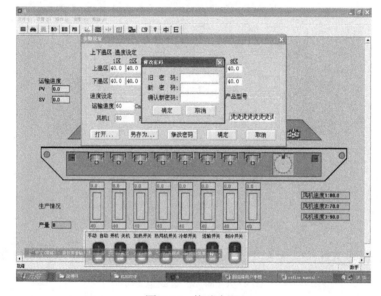

图 8-54　修改密码

### 5. PID 参数设定

在"设置"下拉菜单里选择"PID 参数设定"选项，将出现 PID 参数设定界面，如图 8-55 所示。

PID 参数是温度控制的重要参数，准确设定 PID 的参数为控制温度的必要条件。在 PID 参数中 P、I 为最重要的参数。

P 值设定：此值为提前 PID 控制温度，如设定温度为 260℃，P 值为 10，即当温度升到 250℃开始 PID 占空比控制，一般 P 值在 0～100 之间。如果在第一次开机温度冲温（实际温度超过设定温度很多）就加大 P 值；如果在第一次升温非常缓慢减小 P 值，以温度不超温和不掉温为宜。

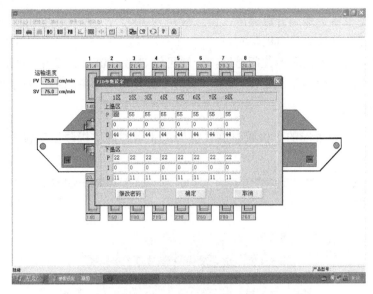

图 8-55　PID 参数设定

I 值设定：为内部 PID 的控制参数，（当 D 值为"0 自动控制"）有效，当温度冲温过大时减小；升温过满时加大，以温度不超温和不掉温为宜。

D 值设定：为手动占空比参数，（当"0"时为自动控制；大于"0" 时为手动控制）此值范围为 0～100。当温度冲温过大时减小；升温过满时加大，以温度不超温和不掉温为宜。

注意：PID 参数同样支持密码功能，一般由管理员设定；PID 参数根据控制软件不同可能控制的目标和意义有所不同，不能照搬其他公司的软件。

### 6. 机器参数设定

选择菜单栏中"窗口"下的"机器参数设定"选项，可进入"机器参数"设定界面，如图 8-56 所示。

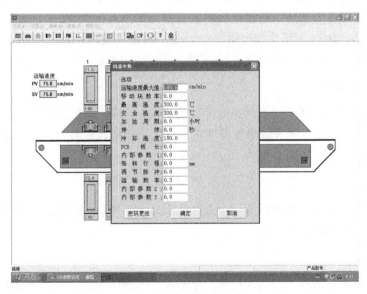

图 8-56　机器参数设定

最高温度：是设备的最高升温温度，出厂设定为300℃，参数设定里的温度不能操作机器参数里的最高温度，软件里已自动限制。

安全温度（即自动关机时的关闭温度，一般可设定为100~200℃）；加油周期和持续加油时间（此参数请根据润滑程度设定）；其余参数可不必设定，系统已运行最佳参数。

### 7．超温报警设定

单击"设置"下拉菜单的"极限温度设置"或工具栏的"极限温度设置"图标，显示如图8-57所示的界面。

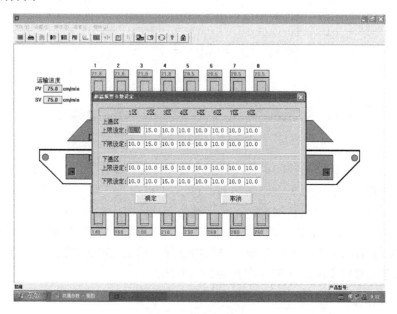

图8-57　超温报警设定

超温报警温度是用户在生产加工时允许焊接温度偏差，当超过所设定的偏差值设备将发出相应的报警或停止设备的加热。超温报警的值范围可根据客户对 PCB 的焊接要求来设定，如对温度要求较高的"BGA"可适当把值设小一些。对温度要求不高的电阻电容可适当设大一些。此参数的设定为不经常报警为宜。

### 8．温度补偿参数设定

温度补偿是针对热电偶的误差纠正而设置的参数，当显示温度大于实际温度可设置为负数进行负补偿；当显示温度小于实际测量温度可设置为正数进行正补偿，出厂值为0未进行任何补偿。温度补偿参数设定如图8-58所示。

### 9．颜色设定

颜色设定是专门为操作员进行的一个人性化设定。它可以修改操作界面的颜色。

颜色设定如图8-59所示。

### 10．机器复位

当设备发生故障后可以关闭当次报警，不影响下次故障报警。复位方法如图8-60所示。

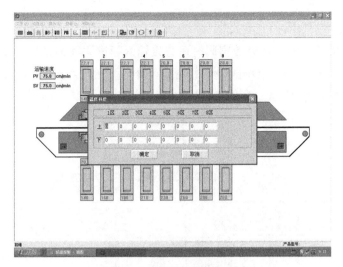

图 8-58　温度补偿参数设定

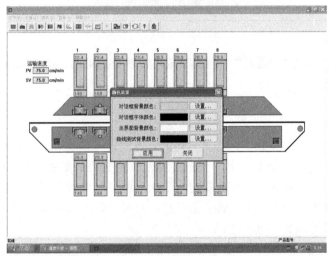

图 8-59　颜色设定

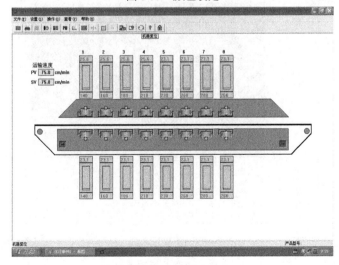

图 8-60　机器复位

## 11. 修改安全码

安全码即操作员登录密码，修改密码时可直接输入新密码和旧密码，如图 8-61 所示。

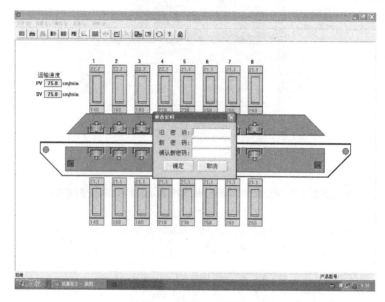

图 8-61　修改安全码

## 12. 温度曲线测试

在回流焊设备中，当对各温区的温度设定好，此时还不能直接使用，需要验证，温度曲线是指 SMA 通过回流炉时，SMA 上某一点的温度随时间变化的曲线；其本质是 SMA 在某一位置的热容状态。温度曲线提供了一种直观的方法来分析某个元件在整个回流焊过程中的温度变化情况。这对于获得最佳的可焊性，避免由于超温而对元件造成损坏以及保证焊接质量都非常重要。温度曲线测试界面如图 8-62 所示。

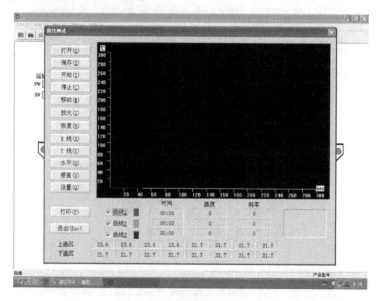

图 8-62　温度曲线测试界面

## 三、考核评价

| 序 号 | 项 目 | 配分 | 评 价 要 点 | 自 评 | 互 评 | 教 师 评 价 | 平 均 分 |
|---|---|---|---|---|---|---|---|
| 1 | 正常开机 | 10分 | 正常开机（10分） | | | | |
| 2 | 运行参数的设定 | 20分 | 运行参数设定准确（20分） | | | | |
| 3 | PID 参数设定 | 10分 | PID 参数设定正确（10分） | | | | |
| 4 | 机器参数设定 | 10分 | 机器参数设定正确（10分） | | | | |
| 5 | 超温度报警参数设定 | 10分 | 超温度报警参数设定正确（10分） | | | | |
| 6 | 温度补偿设定 | 10分 | 温度补偿设定正确（10分） | | | | |
| 7 | 密码修改设定 | 30分 | 密码修改设定正确（30分） | | | | |
| 材料、工具、仪表 | | | 每损坏或者丢失一样扣 10 分 材料、工具、仪表没有放整齐扣 10 分 | | | | |
| 环保节能意识 | | | 视情况扣 10～20 分 | | | | |
| 安全文明操作 | | | 违反安全文明操作（视其情况进行扣分） | | | | |
| 额定时间 | | | 每超过 5 分钟扣 5 分 | | | | |
| 开始时间 | | 结束时间 | | 实际时间 | | 综合成绩 | |
| 综合评议意见（教师） | | | | | | | |
| 评议教师 | | | | 日期 | | | |
| 自评学生 | | | | 互评学生 | | | |

## 四、相关知识扩展

### 全热风无铅回流焊机简介

#### 1．技术参数

全热风无铅回流焊机的技术参数如表 8-1 所示。

表 8-1　全热风无铅回流焊机的技术参数

| 技 术 参 数 | | 参 数 说 明 |
|---|---|---|
| 传送部分 | 传送方式 | 网带传送 |
| | 最大 PCB 板宽度 | 350mm |
| | 传输带高度 | 880mm±20mm |
| | 传送方向 | 从左到右 |
| | 传送速度 | 0～1500mm/min |

| 技 术 参 数 | | 参 数 说 明 |
|---|---|---|
| 发热系统 | 发热器件 | 特制专用台展发热丝，热效率高 |
| | 内胆结构 | 采用特殊结构内胆，保温效果佳，热损耗小。适合于无铅工艺 |
| | 加热区长度 | 2880mm |
| | 加热区数量 | 上 8 zones；下 8 zones |
| 控制系统 | 控制方式 | 采用三菱专用回流焊 PLC+计算机控制，稳定、可靠 |
| | 测温方式 | 进口热电偶检测系统，自动冷端补偿 |
| | 电源 | 五线三相 380V、AC 60A |
| | 启动功率 | 38kW |
| | 正常工作消耗功率 | Approx.7.5kW |
| | 升温时间 | 约 20 分钟 |
| | 温度控制范围 | 室温-310℃ |
| | 温度控制方式 | 三菱温控模块配合进口 SSR 驱动系统，采用 PID 控制方式，温度均匀 |
| | 温度控制精度 | ±1℃ |
| | PCB 板温度分布偏差 | ±2℃ |
| | 异常警报 | 温度异常（恒温后超高温） |
| 运风系统 | 运风方式 | 采用特殊循环运风方式，温区独立运风，使每温区温度均匀，无阴影区 |
| | 热风马达 | 采用 SCROCO 专用耐高温热风马达，稳定耐用 |
| | 表面处理 | 表面喷塑处理 |
| | 隔热部分 | 专用隔热材料，表面温度趋近室温 |
| | | 内胆密闭，减小热损耗，提高利用率 |
| | 保护系统 | 声光超温报警装置 |
| | | UPS 备用电源，停电后，PCB 可以安全输出炉外，不损坏 PCB 板，保存系统数据不丢失 |
| 软件系统 | 操作系统 | Windows XP |
| | 操作界面 | 菜单操作界面操作简单，快捷 |
| | 储存记忆 | 各种 PCB 板参数设定可存储，调节不同型号的 PCB 板参数 |
| | 参数显示 | 温区温度，热风速率与运行速度的设定值及实际值均有显示；态柱状动画效果显示各温区升温状态，直观易懂 |
| 冷却系统 | 制冷方式 | 强制风冷 |
| | 冷却区数量 | 2 |
| 机体参数 | 外形尺寸 | L 8250mm×W 750mm×H 1290mm |
| | 重量 | 700kg |

## 2．典型故障分析与排除

典型故障分析与排除如表 8-2 所示。

表 8-2　典型故障分析与排除

| 故　　障 | 造成故障的原因 | 如何排除故障 | 机器状态 |
|---|---|---|---|
| 升温过慢 | 1. 热风电机故障。<br>2. 风轮与电机连接松动或卡住。<br>3. 固态继电器输出端断路。 | 1. 检查热风电机。<br>2. 检查风轮。<br>3. 更换固态继电器 | 长时间处于"升温过程" |
| 温度居高不下 | 1. 热风电机故障。<br>2. 风轮故障。<br>3. 固态继电器输出端短路 | 1. 检查热风电机。<br>2. 检查风轮。<br>3. 更换固态继电器 | 工作过程 |
| 机器不能启动 | 1. 紧急开关未复位。<br>2. 未按下"启动"按钮 | 1. 检查紧急开关。<br>2. 按下"启动"按钮 | 启动过程 |
| 加热区温度升不到设置温度 | 1. 加热器损坏。<br>2. 热电偶有故障。<br>3. 固态继电器输出端断路。<br>8. 排气过大或左右排气量不平衡 | 1. 更换加热器。<br>2. 检查或更换热继电器。<br>3. 更换固态继电器。<br>8. 调节排气调气板 | 长时间处于"升温过程" |
| 运输电机不正常 | 运输变频器测出电机超载或卡住 | 1. 重新开启运输变频器。<br>2. 检查或更换变频器。<br>3. 重新设定变频器电流测定值 | 1. 信号灯塔红灯亮。<br>2. 所有加热器停止加热 |
| 计算机屏幕上速度值误差偏大 | 速度反馈传感应距离有误 | 检查 U 形电眼是否故障 | |

## 3．系统常见故障及对策

系统常见故障及对策如表 8-3 所示。

表 8-3　系统常见故障及对策

| 序　号 | 现　　象 | 原　　因 | 解　决　方　法 |
|---|---|---|---|
| 1 | 测曲线时死机 | 测温线接反或松动 | 检查并重接测温线 |
| 2 | 温度波动大 | ① 脉冲参数设置不合理<br>② 探头位置不合理 | ① 重新设置 PID 参数<br>② 调整探头位置 |
| 3 | 计算机反复重启 | ① 操作系统损坏<br>② 主板损坏<br>③ CPU 风扇损坏 | ① 重装系统<br>② 更换主板<br>③ 更换 CPU 风扇 |
| 4 | 进入控制面板时重启或花屏 | 系统损坏 | 重装系统 |
| 5 | 不能打开软件控制界面 | 软件损坏 | 重装控制软件 |
| 6 | 单击运风或运输时黑屏 | 地线接触不良 | 重接地线 |
| 7 | 不能进入 Windows XP 系统 | 系统文件损坏 | 重装系统 |
| 8 | 设屏保时报警 | 屏保时看不到温度 | 取消屏保 |
| 9 | 非法关机后不能进入程序界面 | 非法关机后文件损坏 | 重装操作系统 |
| 10 | 不能进入控制软件界面 | 控制系统损坏 | 重装控制软件 |
| 11 | 计算机键盘失灵 | 误按键盘锁 | 解开键盘锁 |
| 12 | 不能进入曲线测试界面 | ODBC 数据源没设定 | 重新设定 ODBC 数据源 |
| 13 | 设定 ODBC 数据源时出现错误 | 操作系统损坏 | 重装操作系统 |
| 14 | 进入程序后温度为 0，并且各开关失效 | 计算机与 PLC 未能通信 | 核对串行口，在控制面板里检查通信协议并使其绑定 |

# 任务4    SMT 生产线组建

## 一、任务描述

在建立 SMT 生产线时要根据企业的投资能力、产量大小、线路板的贴装精度要求等因素，制订合理的引进计划。选择设备时应"量体裁衣"，根据不同用户的需求，合理选择设备。

## 二、实际操作

一般 SMT 生产工艺包括焊膏印刷、贴片和回流焊三个步骤，所以要组成一条完整的 SMT 生产线，必然包括实施上述工艺步骤的设备，如印刷机、贴片机和回流焊炉。图 8-63 所示是一条典型 SMT 生产线。由于贴片机往往会占到整条生产线投资的 70%以上，所以贴片机的选择尤为关键。

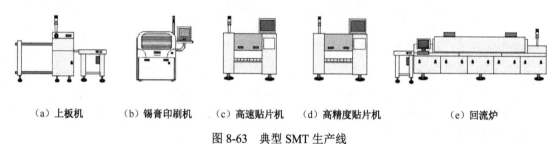

(a) 上板机　　(b) 锡膏印刷机　　(c) 高速贴片机　　(d) 高精度贴片机　　　(e) 回流炉

图 8-63　典型 SMT 生产线

### 1. 设备参数识别与判断

（1）锡膏印刷机。锡膏印刷机根据自动化程度分为手工印刷机、半自动印刷机和全自动印刷机。手工印刷机主要用于样机制作和简易产品生产，对于大批量的 SMT 生产主要选择半自动印刷机和全自动印刷机，用户可根据生产产品的印刷精度需要来选择印刷机。

（2）贴片机。目前生产贴片机的厂家众多，结构也各不相同，但按规模和速度大致可分为大型高速机（俗称"高档机"）和中型中速机（俗称"中档机"），其他还有小型贴片机和半自动/手动贴片机。一部大型机的价格一般为中型机的 2～8 倍。生产大型高速贴片机的厂商主要有松下、西门子、富士、环球、安必昂、日立等；生产中型中速贴片机的厂商主要有 JUKI、雅马哈、三星、索尼、Mydata 等。

无论对于大型机厂商还是对中型机厂商来说，所推荐的 SMT 生产线一般由两台贴片机组成：一台片式 Chip 元件贴片机（俗称高速贴片机）和一台 IC 元件贴片机（俗称高精度贴片机），这样各司其职，有利于整条 SMT 生产线发挥出最高的生产效率。但现在情况正发生着改变，由于很多厂商都推出了多功能贴片机，使 SMT 生产线只由一台贴片机组成成为可能。一台多功能贴片机在保持较高贴片速度的情况下，可以完成所有元件的贴装。

（3）回流焊接机。回流焊炉的主要厂家有美国 BTU、加拿大的 Heller、德国的 ERSA、SEHO、荷兰的 SOLTEC 及日本 ETC 等公司。回流焊炉国内厂家也可制造，例如劲拓、科隆威等，尽管在功能性、稳定性、温控精度上与国外先进水平有些差距，但性能完全可以满足需要，价格也要便宜很多。

## 2. 组线方案编写

根据不同用户的需求，给出几种组线方案（省略传送装置），以满足不同需求，仅供参考（价格会根据地区、采购数量、配置等有较大波动）：

（1）方案一：多功能 SMT 生产线，如表 8-4 所示。

表 8-4　多功能 SMT 生产线配置方案

| 设 备 类 型 | 品牌/型号 | 数量/台 |
|---|---|---|
| 印刷机 | DEK 288 1 | 1 |
| 多功能贴片机 | 富士 XPF-L 1 | 1 |
| 回流焊炉 | Heller 1913MKⅢ 1 | 1 |

评价：该生产线尽管只采用一台富士 XPF 多功能贴片机，但可应付几乎所有贴片元件，其可在工作过程中自动更换贴片头，并可选配点胶头，灵活性非常高，另外为压缩开支，印刷机采用半自动。该生产线适合批量不大、品种较多的小型企业和科研院所，预计整线投资在 200 多万元人民币。

（2）方案二：中速 SMT 生产线，如表 8-5 所示。

表 8-5　中速 SMT 生产线配置方案

| 设 备 类 型 | 品牌/型号 | 数量/台 |
|---|---|---|
| 印刷机 | MPM 125 | 1 |
| 高速贴片机 | Juki KE2070L | 1 |
| 高精度贴片机 | Juki KE2080L | 1 |
| 回流焊炉 | Heller 1913MKⅢ 1 | 1 |

评价：一条典型的中速贴片线配置方案，适合中小型企业规模化生产，整线理论速度 3 万点/h，预计整线投资在 250 万～300 万元人民币。

（3）方案三：中高速 SMT 生产线，如表 8-6 所示。

表 8-6　中高速 SMT 生产线配置方案

| 设 备 类 型 | 品牌/型号 | 数量/台 |
|---|---|---|
| 印刷机 | DEK 03ix 1 | 1 |
| 高速贴片机 | 富士 XPF-L | 2 |
| 回流焊炉 | BTU Pyramax 125A | 1 |

评价：此方案采用富士的两台 XPF，一台作为高速机，另一台作为泛用机，整线理论速度为 5 万点/h，预计整线投资在 800 万元人民币左右。

## 3. 设备工作条件

设备工作条件如表 8-7 所示。

表 8-7　设备工作条件

| 描　　述 | 要求（举例） |
|---|---|
| 供电 | 三相交流电 380V +/-5%，50Hz；单相交流电 220V +/-5%，50Hz |
| 压缩空气 | 设备对压缩空气气源的要求不得高于以下指标：压力　800kPa；流量　7.0m³/min；颗粒度　0.1μm，含尘量 0.1mg/m³，含油量 0.01 mg/m³。 |
| 设备工作环境 | 温度：10～30℃；湿度：70%～80% |
| 设备噪声/ dB | 设备整机噪声<75dB |

基本要求：

（1）进入车间时要穿防静电工作服和防静电拖鞋，戴防静电帽，长头发要束起挽到防静电帽里；

（2）固定岗位人员佩戴有绳腕带，腕带的鳄鱼夹夹在静电线上；

（3）每天进入车间时要测试静电腕带防静电性是否合格，使用的仪器是静电腕带测试仪，每日测试 2 次；

（4）静电腕带佩戴时一定要紧贴皮肤；

（5）一般来说，SMT 车间温度管理基准为 18～28℃，湿度为 60%～80%。

## 三、考核评价

| 序　号 | 项　目 | 配　分 | 评价要点 | 自评 | 互评 | 教 师 评　价 | 平 均 分 |
|---|---|---|---|---|---|---|---|
| 1 | 设备选型方案 | 10分 | 设置合理（10分） | | | | |
| 2 | 贴片机的选择 | 20分 | 选择合理、定位准确（20分） | | | | |
| 3 | 印刷机的选择 | 10分 | 选择合理、定位准确（10分） | | | | |
| 4 | 步骤操作的设置 | 10分 | 步骤操作参数设置的正确（10分） | | | | |
| 5 | 喂料器的设置 | 10分 | 喂料器参数设置正确（10分） | | | | |
| 6 | 生产调试 | 10分 | 生产调试设置正确（10分） | | | | |
| 7 | 供电、供气环境设置 | 30分 | 自动生产合格（30分） | | | | |
| 材料、工具、仪表 | | | 每损坏或者丢失一样扣 10 分<br>材料、工具、仪表没有放整齐扣 10 分 | | | | |
| 环保节能意识 | | | 视情况扣 10～20 分 | | | | |
| 安全文明操作 | | | 违反安全文明操作（视其情况进行扣分） | | | | |
| 额定时间 | | | 每超过 5 分钟扣 5 分 | | | | |
| 开始时间 | | 结束时间 | | 实际时间 | | 综合成绩 | |
| 综合评议意见（教师） | | | | | | | |
| 评议教师 | | | | 日期 | | | |
| 自评学生 | | | | 互评学生 | | | |

# 任务 5  自动光学检测仪（AOI）编程

## 一、任务描述

现场提供 Aleader 515 自动光学检测仪（Automatic Optical Inspection，AOI）1 台，已经贴装好的 PCB 组件 10 个，通过现场学习编程，掌握自动光学检测仪的编程。

## 二、实际操作

### 1．调整 PCB 固定工具

如图 8-64 所示，将 X/Y 平台回到加载位置，用手松动固定 PCB 压扣上的固定螺母，调整活动边夹条，使 PCB 板位置固定而不晃动（注意元器件高度不得超过 30mm）。

图 8-64  AOI 测试平台

### 2．操作模式的切换

AOI 应用程序分为三种应用模式：管理模式、编辑模式和操作模式，系统默认为操作模式。在主界面中选择"系统"→"切换测试模式"选项，在弹出的"切换测试模式"对话框中选择需要进入的模式，输入密码（初始密码为 000000），然后单击"确定"按钮后即进入所选择的模式，同时窗口下方状态栏显示现在的操作模式，如图 8-65 所示。

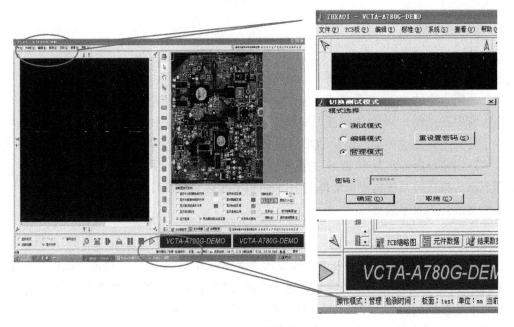

图 8-65  操作模式的切换

### 3．新建程序

如图 8-66 所示，选择菜单栏中的"文件"→"新建程序"选项，将出现提示框，单击"确定"按钮，将会弹出如图 8-66 所示的窗口，输入程序名称。程序命名方式遵循贴片机命名原则：厂家名+产品型号+产品分支类型+PCB 的 T/B 面+线别+机器序号+变更标示。然后将 PCB 的起点位置（左下角）和终点位置（右上角或 PCB 尺寸）设置完成。

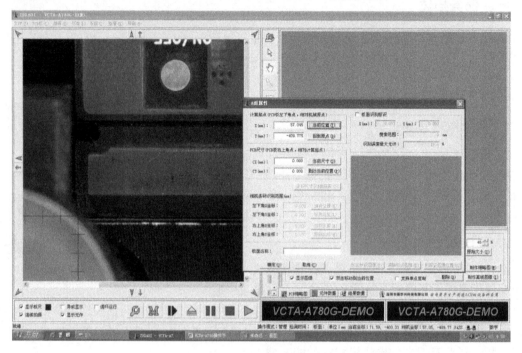

图 8-66　新建程序界面

### 4．制作缩略图

在完成新建程序菜单栏的操作后，单击"确定"按钮，系统会自动提示"现在创建 PCB 缩略图吗"，单击"确定"按钮，系统则会根据之前所设定的 PCB 起点和尺寸来扫描 PCB 的缩略图，或者直接单击主窗口的"制作 PCB 缩略图"同样可以实现上述功能。

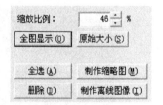

图 8-67　制作缩略图选项栏

为了能让缩略图能完整地显示 PCB，可以选择适当的缩小比例，一般以缩略图窗口能显示整个 PCB 的图像为宜，单击图 8-67 中的"全图显示"按钮可以根据窗口屏幕大小自动伸缩 PCB 缩略图，使缩略图达到最佳的显示效果。

### 5．定义对角的 Mark 点

在完成缩略图的制作后，系统会自动提示"现在设置 Mark 点？"单击"确定"按钮。一般在 PCB 的对角位置选择两个较容易识别的点作为 Mark 点，可以是 PCB 上本身存在的 Mark 点，也可以选择板上的通孔位置作为 Mark 点，如图 8-68 所示。

注意：Mark 点在选取时要尽量避开有锡膏等异物的位置，如果 PCB 铜铂经常出现氧化现象时，就不要选取板子本身的 Mark 点了，这时就需要选取板上的通孔作为 Mark。选取 Mark 时要避免附近有相似的 Mark，导致坐标偏移。

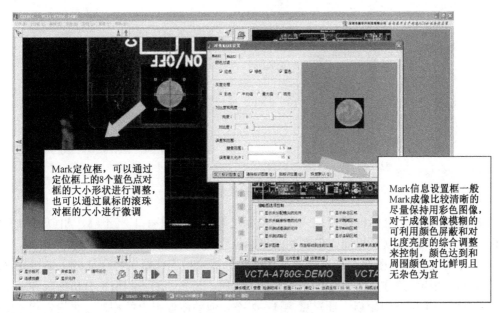

图 8-68 定义对角的 Mark 点

## 6．制作程序

（1）制作检测框。表 8-8 列出了基本的 SMT 元器件图形。

表 8-8 元器件制作框

| 序号 | 图示 | 描述 | 序号 | 图示 | 描述 | 序号 | 图示 | 描述 |
|---|---|---|---|---|---|---|---|---|
| 1 |  | Chip 电容 | 6 |  | 左右对称的四脚元件 | 11 |  | QFP 形式的 IC（能够完整显示） |
| 2 |  | Chip 电阻 | 7 |  | 不对称的五脚元件 | 12 |  | 用于制作不能在一个屏幕显示出来的 IC |
| 3 |  | Chip 极性元件 | 8 |  | 对称的六脚元件 | 13 |  | |
| 4 |  | 三极管 | 9 |  | 对称的八脚元件 | 18 |  | |
| 5 |  | 一边为单脚的四脚元件 | 10 |  | SOP 形式的 IC（能够完整显示） | 15 |  | |

（2）权值图像。权值成像数据差异分析系统：是通过对一幅 BMP 图片栅格化，分析各个像素颜色分布的位置坐标、成像栅格之间（色彩）过渡关系等成像细节，列出若干个函数式，再通过对相同面积大小的若干幅相似图片进行数据提取，并分析计算，将计算结果按软件设定的权值关系，以及最初 BMP 图像像素色彩、坐标进行还原，形成一个虚拟的、权值的数字图像，将其简称为"权值图像"。其主要数字信息涵盖了图像的图形轮廓、色彩的分布、允许变化的权值关系等。

（3）相似性。在图 8-69 中，对应的坐标和像素的颜色是图像的最基本信息，在两相似的图片中，其相对应坐标中像素的颜色信息有一定的相似度，如将整个图像进行分析，对比每个像素点的颜色和坐标信息，能得出坐标和像素颜色相似的百分比即为相似度。

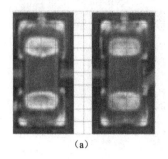
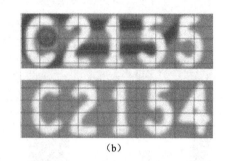

(a)                  (b)

图 8-69　相似性示意图

图 8-69（a）中，坐标位置相同，相同坐标位置的颜色只有 10%不同，相似度为 90%；图 8-69（b）中，坐标位置相同，但在相同坐标位置颜色有 30%不同，相似度为 70%。

AOI 对截取的元件图像与标准的元件图像进行对应坐标像素的颜色比较，通过软件统计计算相似度，如相似度在预先设定的范围内即为 OK，反之 NG。相似性分析编程和调试十分简单，在制定一个标准图像后，通过试测 1～2 个相似的图像得出的相似度来设定相似度的阈值即可。

（4）颜色提取。任何颜色均可用红、绿、蓝三基色按照一定的比例混合而成。红、绿、蓝形成一个三维颜色立方。颜色提取就是在三个颜色立方体中截取一个需要的小颜色立方体，即对应我们需要选取颜色的范围，然后计算所检测的图像中满足在该立方体内颜色占整个图像颜色数的比例是否满足我们需要的设定范围。该方法最适合对电阻电容等焊锡的检测。

（5）二值化原理（IC 桥接）。将目标图像按照一定的方式转化为灰度图像，然后选取一定的亮度阈值进行图像处理，低于阈值的直接转变成黑色，高于阈值的直接转变成白色，如图 8-70 所示。这样使得我们关心的区域如字符、IC 短路等直接从原图像中分离。

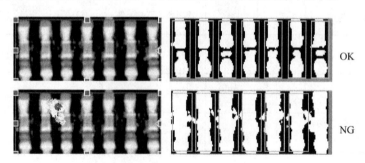

OK

NG

图 8-70　二值化原理（IC 桥接）图

IC 桥接是针对 IC 短路的专用检测方法，编程和调试十分简单。IC 引脚通过光源照射后，引脚和焊锡为金属成分具有较好的反光性，而引脚之间正常情况下没有金属成分（没有焊锡）反光性较差，通过软件将图像二值化处理后（黑白处理），引脚焊锡因为较好的反光从而亮度较大呈现为白色，引脚之间因较差的反光从而亮度较小呈现为黑色（两者可反向处理）。如果引脚之间出现短路（桥接），则引脚之间的短路的焊锡同样因为较好的反光性呈现白色，故软件很容易就能判断是否短路。

（6）OCR（文字识别）。OCR 的整个过程包括图像提取，然后将图像进行二值化处理，处理后将得到的字符进行分割，再将分割后的字符进行识别，再与字库进行对比得出识别结果，如图 8-71 所示。

将IC上的字符进行识别处理

文字识别: LVC16244A

图 8-71　OCR 效果图

（7）各类型元件检测。检测项目如表 8-9 所示。

表 8-9　检测项目

| 项目 | | 权值图像 | 相似性 | 颜色提取 | 二值化 | OCR | 极性检测 | 定位检测 |
|---|---|---|---|---|---|---|---|---|
| 电阻（Chip） | 本体 | | √ | | | | √ | √ |
| | 丝印 | √ | | | | √ | √ | √ |
| | 焊盘 | √ | | √ | | | √ | √ |
| 电容 | 本体 | | √ | | | | | √ |
| | 焊盘 | √ | | √ | | | √ | √ |
| 二极管 | 本体 | | √ | | | | √ | √ |
| | 极性 | √ | | | | | √ | √ |
| | 焊盘 | | | √ | | | √ | √ |
| 三极管 | 本体 | | √ | | | | √ | √ |
| | 丝印 | √ | | | | √ | √ | √ |
| | 焊盘 | | | √ | | | √ | √ |
| IC 元件 | 本体 | | √ | | | | √ | √ |
| | 丝印 | √ | | | | √ | √ | √ |
| | 引脚 | | | | √ | | √ | √ |

### 7. 检出力和直通率调整重点项目

（1）同一种材料对应多种厂家的字符或同一个焊点焊盘差异较大时，可以进行元件的编组，把多种不同的标准全部加入到标准库，这样无论线上使用哪种标准都可以检测通过，如图 8-72 所示。

右键"添加到单元组"

标准列表"分组集"

图 8-72　在标准库中加入新标准

（2）元件丝印使用权值图像或 OCR（文字识别）进行检测，如表 8-10 所示。使用权值图像时要将红光滤掉，只留下绿光和蓝光，另外调整亮度值和对比度值，通常情况均为 100 以下。

表 8-10　元件丝印检测

| | 电阻（0802） | 电阻（0603 以上） | 三极管 | 排阻 | IC 类 |
|---|---|---|---|---|---|
| 亮度值 | ～ | 20 | 30 | 50 | 20 |
| 对比度值 | ～ | 25 | 70 | 80 | 25 |

（3）元件本体使用相似性进行检测，如表 8-11 所示。通常情况下 0603 以上的电阻误差值为 26%以下，0603 以上的电容误差值为 23%，而我们现用的标准值一般为 20%以下，为了提高直通率可以把这个误差值相应的提升一些，但必须进行检出力试验。其他较小的元件误差值可以相应地减小。

表 8-11　元件本体检测

| | 电阻（0802） | 电阻（0603 以上） | 二极管 | 三极管 | 排阻 | IC 类 |
|---|---|---|---|---|---|---|
| 误差值 | ～ | 20% | 20% | 20% | 20% | 20% |

（4）元件焊盘通常情况下使用颜色提取功能进行检测，遇到焊盘两端颜色差异较大时可以进行分别注册，不容易提取颜色的一方使用权值图像进行检测。另外在进行颜色提取时要注意角度、亮度、饱和度的搭配调整，调整到面重比的下限值正好为面重比的一半时为最佳状态，如图 8-73 所示。

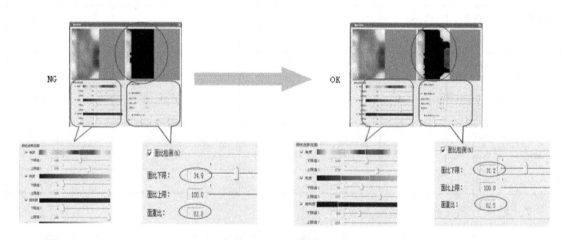

图 8-73　权值图像检测法

（5）使用 IC 桥接方法检测，如图 8-74 所示。

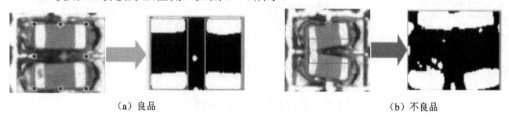

（a）良品　　　　　　　　　　　　　　　　（b）不良品

图 8-74　IC 桥接法检测

（6）使用 IC 桥接方法检测红胶产品溢胶问题，无溢胶的焊盘经二值化处理后焊盘是白色的，如果焊盘上有红胶，再经过二值化处理时会变成黑色，明显与标准不相符，直接报错。

（7）现在 VCTA 系列的 AOI 需要进行学习建模，统计一系列的良好的样板（一般在 20 块左右），人为地判断其合格与否，这样系统才能通过统计计算出一个比较接近现场工艺水平的测试标准，所以在程序制作及学习过程中选取的产品很重要，首先必须保证是良品，其次必须是当线生产稳定后的产品（这样统计出来的规律更将符合现场工艺）。

（8）几种常见元件做法注意事项。

① 电阻：字符框不要太大，把字符刚好框到，本体框也是，两边焊点框尽量保持大小一致。

② 电容：本体框尽量比本体大一点，因为同类大小电容一般有几种大小，为以后编组可以把整个本体都框到做好准备，焊点同样尽量保持大小一致。

③ 二极管：极性点可能会有点偏动，所以极性框要比极性点大一点，为以后偏动做好准备，焊点同样尽量保持大小一致。

④ 三极管：字符框尽量框大一点，在字符变动时也在检测框内，本体框比本体大一点，尽量把三个引脚框上一点，这样比较好定位，焊点同样尽量大小保持一致。

⑤ IC：字符框不要太大，能把字符刚好框到即可。

## 三、考核评价

| 序 号 | 项 目 | 配分 | 评价要点 | 自评 | 互评 | 教 师 评 价 | 平 均 分 |
|---|---|---|---|---|---|---|---|
| 1 | AOI 开机设置 | 10 分 | 开机设置正确（10 分） | | | | |
| 2 | 基准标记的设置 | 20 分 | 能准确设置好 Mark 点（20 分） | | | | |
| 3 | 标准图像的设置 | 10 分 | 设置正确（10 分） | | | | |
| 4 | 扫描步骤操作的设置 | 10 分 | 步骤操作参数设置正确（10 分） | | | | |
| 5 | CCD 参数的设置 | 10 分 | CCD 参数设置正确（10 分） | | | | |
| 6 | 生产调试 | 10 分 | 生产调试设置正确（10 分） | | | | |
| 7 | AOI 自动试生产 | 30 分 | 自动生产合格（30 分） | | | | |
| 材料、工具、仪表 | | | 每损坏或者丢失一样扣 10 分 材料、工具、仪表没有放整齐扣 10 分 | | | | |
| 环保节能意识 | | | 视情况扣 10～20 分 | | | | |
| 安全文明操作 | | | 违反安全文明操作（视其情况进行扣分） | | | | |
| 额定时间 | | | 每超过 5 分钟扣 5 分 | | | | |
| 开始时间 | | 结束时间 | | 实际时间 | | 综合成绩 | |
| 综合评议意见（教师） | | | | | | | |
| 评议教师 | | | | 日期 | | | |
| 自评学生 | | | | 互评学生 | | | |

# 任务 6　LED 电源制作

## 一、任务描述

提供 LED 电源 PCB 电路板 200 块（采用拼板 4×5），学习使用全自动锡膏印刷机、全自动贴片机、8 温区回流焊接炉与 AOI 进行自动化生产和检测。

## 二、实际操作

### 1．设备编程

（1）印刷机编程。印刷机的编程是指设置全自动印刷机的印刷参数，包括 PCB 板焊盘和钢网的开孔位置对准、刮刀的印刷动作、印刷效果的检测和印刷后网板的清洗，需要印刷的 PCB 板是一个 20 个 LED 灯电源板的拼接板，采用 4×5 拼板，如图 8-75 所示。

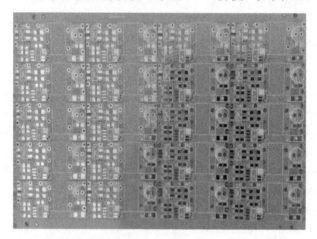

图 8-75　要进行印刷编程的 PCB

① 新建工程。单击"新建工程"按钮，新建一个文件，输入客户名和产品名，如图 8-76 所示。

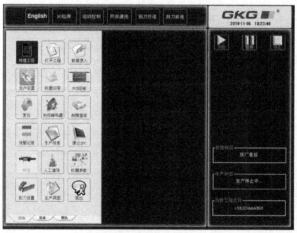

图 8-76　新建工程菜单

② 进行数据录入。单击"数据录入"按钮,打开如图 8-77 所示的界面,输入"产品名称"、"产品型号"和"长度"、"宽度"、"厚度"数值。

单击"下一步"按钮,轨道调整后,进入如图 8-78 所示的界面,根据实际要求摆好顶块、顶针,单击"自动定位"按钮。

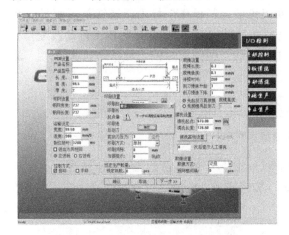

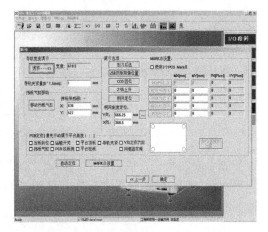

图 8-77    "数据录入第 1 页"对话框                图 8-78    "数据录入第 2 页"对话框

"自动定位"按钮动作过程:移动挡板气缸→打开运输开关→PCB 从入口处进板→关闭运输开关→PCB 吸板阀→平台顶板→导轨夹紧→CCD 回位→Z 轴上升→网框固定阀→Z 轴下降。

③ Mark 点设置。单击"Z 轴回到取像位置"按钮,使工作台运动到取像位置,此时再单击"MARK 点设置"按钮,Mark 点设置选项可用。

单击"PCB 标志 1"按钮,出现"模板定制"对话框,如图 8-79 所示。

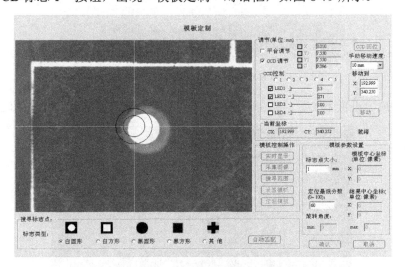

图 8-79    "模板定制"对话框

"CCD 控制"栏中有 5 个标着阿拉伯数字的单选按钮,这些单选按钮不同程度上调节图片的亮度,在进行 PCB 标志点图像采集时,用户可以选择不同的按钮再调节 LED1、LED2 的亮度,以便采集到更清晰的图像。而在进行钢网标志点图像采集时,用户也可以选择不同的按钮再调节 LED3、LED4 的亮度,以便得到更好的效果。

单击如图 8-79 所示的对话框中的"移动"按钮，然后根据对话框中"手动移动速度的设置"用手移动键盘上的箭头键（←↑→↓）或用鼠标移动，待寻找到标志图像后，再单击"自动匹配"按钮将图像定位（即用红色方框将标志点图像包容），如图 8-80 所示。

图 8-80　标志点图像

在图 8-79"模板控制操作"栏中，连续单击如图 8-81 所示的顺序框按钮确认（此方法的效果与"自动匹配"一样），然后单击"确认"按钮，返回"数据录入第 2 页"对话框。

图 8-81　Mark 点确认顺序框

参照上面的操作，找出"钢网标志 1"、"钢网标志 2"、"PCB 标志 2"的位置值。

钢网和 PCB 标志设置完成后，单击"确定"按钮完成 Mark 点设置操作，完成后的界面如图 8-82 所示。

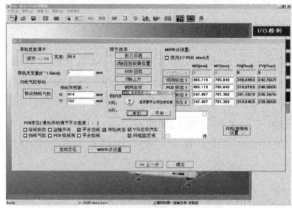

图 8-82　Mark 点设置完成界面

④ 设置完成。设置完成后，单击"开始生产"按钮，开始生产的界面如图 8-83 所示。

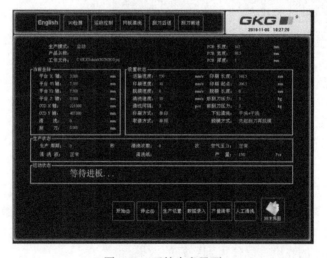

图 8-83　开始生产界面

⑤ 进行微调。在进行第一个 PCB 的印刷时，为了使得印刷准确，在开始生产之前，打开偏移调节界面，如图 8-84 所示。

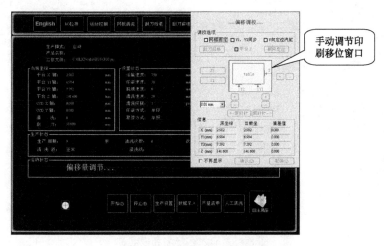

图 8-84　手动调节偏移界面

（2）贴片程序编写。要制作的电路板如图 8-85 所示，贴片机的程序编写就是设定元件种类、元件的喂料器选择、吸取元件的吸嘴和要贴装到 PCB 的精确坐标位置。

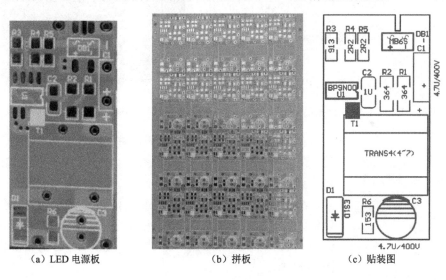

（a）LED 电源板　　　　　　（b）拼板　　　　　　（c）贴装图

图 8-85　LED 电源板

程序制作过程如下。

① 电路板（Board）设置。单击"PCB 编辑"菜单，然后单击"F2 板子"按钮，出现如图 8-86 所示的界面，然后执行以下操作。

a. 输入客户名和板名称。

b. 设定 PCB 长宽尺寸。用游标卡尺测量，测量得到该 PCB 的长度为 140mm，宽度为 95mm，如图 8-87 所示。

c. 调整轨道，放入 PCB。调节轨道之前要确认，按照图 8-88 所示，确认轨道中的顶针已经移开。

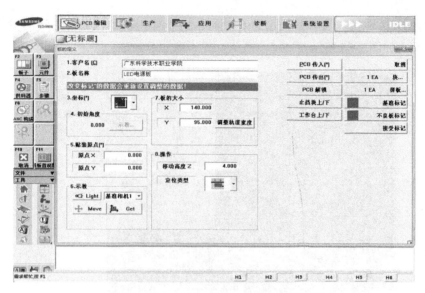

图 8-86　输入客户名和板名称

图 8-87　设定 PCB 长宽尺寸

图 8-88　安装顶针

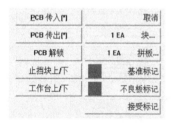

图 8-89　PCB 传入菜单

d. 传入 PCB 板。将 PCB 板放置在贴片机入口的 PCB 感应器处，单击"PCB 传入"按钮，如图 8-89 所示，贴片机会自动将 PCB 传入到指定位置。

e. 设定贴装原点。设定 PCB 的贴装原点，原则上每个点都可以作为贴装原点，但以处于四周且容易区分的点为宜。例如，该 PCB 板的一个元件 D1 的一个引脚焊盘点就适合于做贴装原点，如图 8-90 所示。

f. 设置拼板。该 PCB 为 20 块小板的拼接板，按照 PCB 的传入方向，在 X 方向有 4 块板，在 Y 方向有 5 块板，所以在图 8-91 所示的"数量"栏中输入 4×5。

图 8-90　贴装原点设定

图 8-91　设置拼板（规则类型）

g．贴装原点采集。用控制手柄驱动摄像头，采集 20 个贴装原点，都选择图 8-90 所示的点作为贴装原点。设置后的界面如图 8-92 所示。

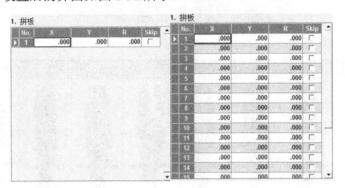

图 8-92　设置拼板的贴装原点

h．Mark 点设定。选取两处定位孔作为 Mark 点，Mark 点是贴片机用来确认 PCB 是否按照设定方向放置的依据，注意不要选择严格对称的点作为两个 Mark 点，以免放错 PCB 方向后贴片机还可以正常扫描通过，造成误贴。Mark 点的大小、颜色、形状，如果有一种不一致，ID 就需要选不同的数字。Mark 点设定如图 8-93 所示。

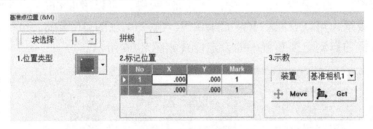

图 8-93　Mark 点设定

② Part（元件库）设定。元件库的设定方法有两种，如果要制作的产品提供了产品清单（BOM），则可以直接调入机器元件库，如果没有则需要手动输入。选好元件库后还需要调整相关的喂料器和吸嘴设置。

a．Feeder（喂料器）大小选择。喂料器要和元器件的包装相对应，如图 8-94 所示，喂料器有很多种，主要有 8×2mm 喂料器、8×8mm 喂料器、12mm 喂料器、16mm 喂料器、28mm 喂料器、32mm 喂料器、单盘喂料器、杆式振动喂料器。

各种不同的元件有不同的喂料器提供给贴片机，以配合贴片机的自动取料动作。

b．Nozzle（吸嘴）设定。吸嘴的设定要以能稳定吸取元件为宜，各种型号的吸嘴如图 8-95 所示。

图 8-94　Feeder（喂料器）外观

| 吸嘴名 | CN020 | CN030 | CN040 | CN065 | CN140 | CN220 | CN400 | CN750 | CN110 |
|--------|-------|-------|-------|-------|-------|-------|-------|-------|-------|
| 外形 | | | | | | | | | |
| 外径 | $\phi0.5$ | $\phi0.6$ | $\phi0.75$ | $\phi1.2$ | $\phi2.2$ | $\phi3.6$ | $\phi6.2$ | $\phi9.0$ | $\phi12.7$ |
| 内径 | $\phi0.16$ | $\phi0.28$ | $\phi0.38$ | $\phi0.65$ | $\phi1.4$ | $\phi2.2$ | $\phi4.0$ | $\phi7.5$ | $\phi11.0$ |

图 8-95　吸嘴的类型

　　吸嘴和元件的对应关系：CN020 吸嘴，可以吸取 01005 元件；CN030 吸嘴，可以吸取 0201 元件；CN080 吸嘴，可以吸取 0402 元件； CN065 吸嘴，可以吸取 0603、0805、1206 元件；CN180、CN220 吸嘴，可以吸取小 IC；CN800N、CN750、CN110 吸嘴，可以吸取大 IC。

　　吸嘴在贴片机的自动更换装置中的设定位置如图 8-96 所示。

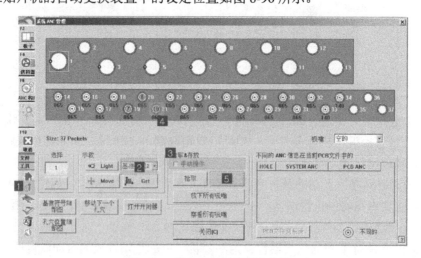

图 8-96　贴片机的吸嘴设定位置

　　c. 元件设定。元件种类选择：从元器件库中选择元器件，如果要设定的元件在元件库中没有，可以手工设定，设定完成的界面如图 8-97 所示。

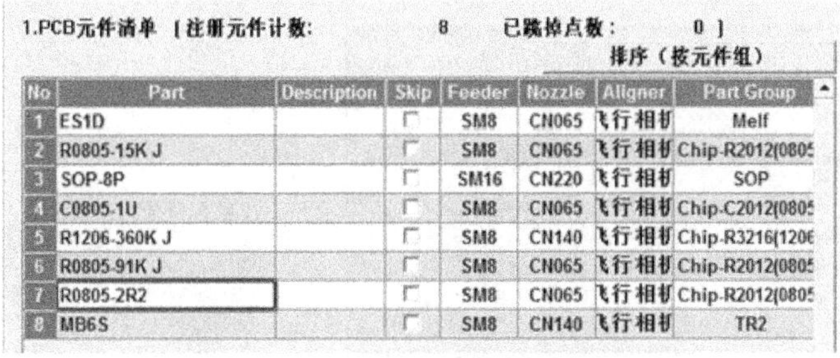

1.PCB元件清单 〔注册元件计数： 8 已踢掉点数： 0 〕

排序（按元件组）

| No | Part | Description | Skip | Feeder | Nozzle | Aligner | Part Group |
|---|---|---|---|---|---|---|---|
| 1 | ES1D | | □ | SM8 | CN065 | 飞行相机 | Melf |
| 2 | R0805-15K J | | □ | SM8 | CN065 | 飞行相机 | Chip-R2012(0805 |
| 3 | SOP-8P | | □ | SM16 | CN220 | 飞行相机 | SOP |
| 4 | C0805-1U | | □ | SM8 | CN065 | 飞行相机 | Chip-C2012(0805 |
| 5 | R1206-360K J | | □ | SM8 | CN140 | 飞行相机 | Chip-R3216(1206 |
| 6 | R0805-91K J | | □ | SM8 | CN065 | 飞行相机 | Chip-R2012(0805 |
| 7 | R0805-2R2 | | □ | SM8 | CN065 | 飞行相机 | Chip-R2012(0805 |
| 8 | MB6S | | □ | SM8 | CN140 | 飞行相机 | TR2 |

图 8-97　从元器件库中选择元器件

元件参数编辑：参数编辑包括外形尺寸、贴装延时、贴装速度（Speed）、元件厚度等，如图 8-98 所示，双击需要编辑的元件，如"R0805-2R2"，出现如图 8-98（a）所示的界面，可以设定元件的外形尺寸、元件厚度等参数，在图 8-98（a）中单击"公共数据"按钮，出现如图 8-98（b）所示的界面，可以设定贴装延时、贴装速度等参数。

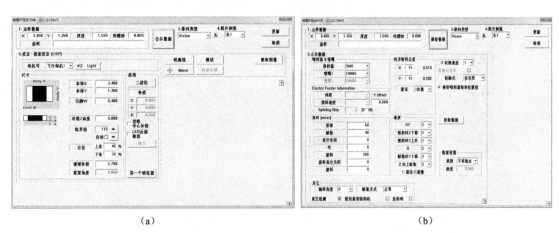

（a）　　　　　　　　　　　　　　　　　　（b）

图 8-98　贴装延时、贴装速度、元件厚度设定

③ Step（步骤）的设定。步骤的设定是将元件种类（包含喂料器和吸嘴）和元件在 PCB 的坐标联系在一起，完成贴片机的完整动作，包含"取元件和放元件"。

a. 采集坐标。按照图 8-99 所示的 PCB 板上的元件分布，按照编程员自己选择的贴装顺序，然后用控制手柄驱动基准相机采集 PCB 板上每个元件的相对贴装原点的坐标。

b. 输入元件偏转角度。平行于 X 方向的为 0°（参数 R），按照逆时针转动，逆时针转动 90°，则输入 90°，顺时针转动 90°，则输入-90°。输入界面如图 8-100 所示。

c. 上料。在"Part"菜单栏中选择元件，如图 8-101 所示，形成元件标号如"R6"和元件种类"R1206-360K"的连接，贴片机将按这种匹配进行元件贴装。

d. Opti（优化）。按照以上步骤完成了板子和元件的设置，为了提高贴片机的工作效率，单击"F8 优化"按钮，贴片机可以自动进行优化，优化界面如图 8-102 所示。

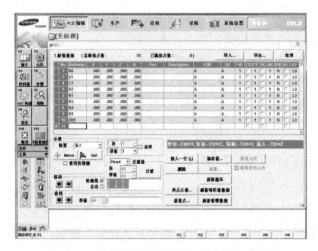

图 8-99　用操作手柄抓取每个元件的贴装坐标

图 8-100　输入元件偏转角度

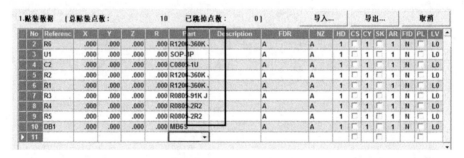

图 8-101　装入元器件

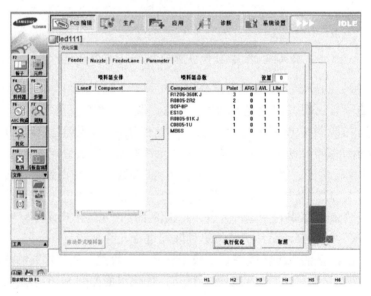

图 8-102　程序自动优化

## 2. 产品生产

（1）锡膏印刷。锡膏印刷的流程如图 8-103 所示。

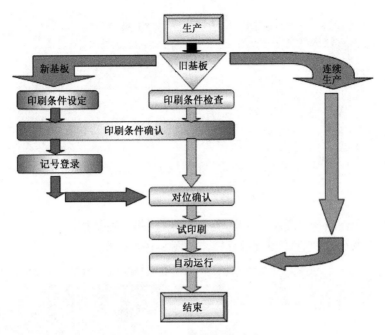

图 8-103　印刷机操作流程

（2）贴片生产。

① 设备准备。

a. 回归原点。

确认设备的"START"灯亮，如图 8-104（a）所示；按"Home"（▼）按键，如图 8-104
（b）所示。

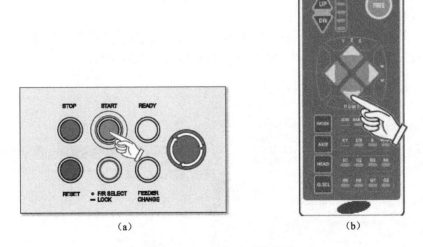

图 8-104　贴片机回归原点操作

b. 暖机（warming-Up）。

单击"应用"菜单显示应用画面，如图 8-105 所示。

图 8-105　显示应用画面

如图 8-106 所示，选择"暖机"子菜单，打开"暖机"对话框。

单击"开始"按钮，执行"预机运行"，如图 8-107 所示。

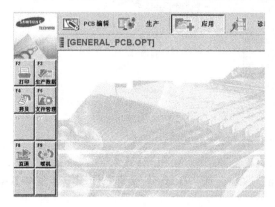

图 8-106　选择"暖机"菜单

图 8-107　暖机停止菜单

约执行 10 分钟后，单击"停止"按钮，结束暖机运行。

② 生产准备。

a. PCB 文件的载入（Loading）。如图 8-108 所示，选择"生产"菜单显示生产画面，然后单击"打开"图标，在弹出的对话框中选择需要载入的 PCB 文件。

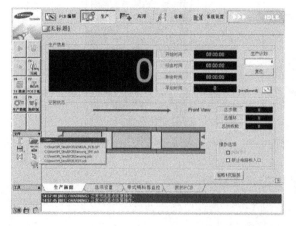

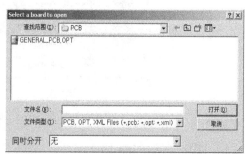

图 8-108　PCB 文件的载入

b．传送轨道的设置。选择"PCB 编辑"菜单显示 PCB 编辑画面，选择"基板"子菜单，在弹出如图 8-109 所示的"板的定义"对话框中的"7．板的大小"栏中输入 PCB 的 X、Y 尺寸，然后单击"传送轨道宽度"按钮即可。

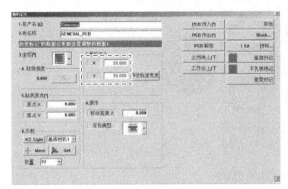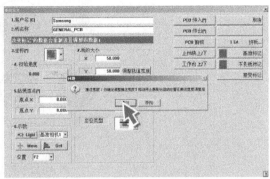

图 8-109　传送轨道的设置

c．Backup pin 设置，如图 8-110 所示。其操作过程：打开前/后安全门→按"STOP"按键→按"RESET"按键→设置 Backup pin 使之支持 PCB 基板下部→关闭前/后安全门。

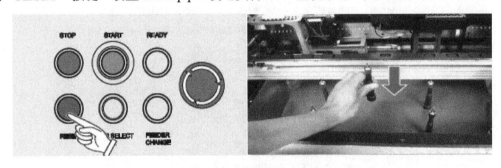

图 8-110　Backup pin 设置

③ 生产。

a．PCB 文件的载入（loading）。选择"生产"菜单显示生产画面，单击"开始"按钮即可，如图 8-111 所示。

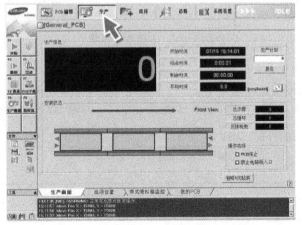

图 8-111　生产画面

b．开始作业（自动生产）。按操作面板上的"START"按键，如图 8-112 所示。

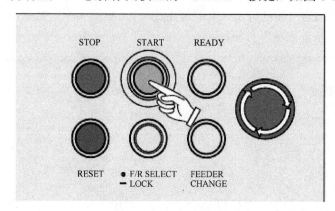

图 8-112　开始作业操作面板

c．作业时间（生产指定数量）。输入生产量，然后按操作面板的"START"按键。

d．结束生产及设备停止。

（3）回流焊接。设定炉温曲线，如图 8-113 所示。

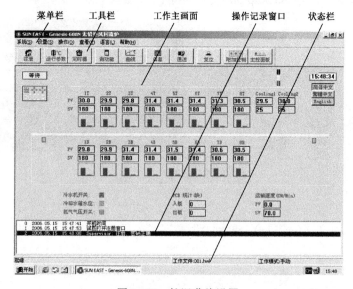

图 8-113　炉温曲线设置

## 三、考核评价

| 序　号 | 项　目 | 配　分 | 评价要点 | 自　评 | 互　评 | 教师评价 | 平　均　分 |
|---|---|---|---|---|---|---|---|
| 1 | 印刷机编程 | 10 分 | 设置正确（10 分） | | | | |
| 2 | 贴片机编程 | 20 分 | 能按操作过程准确进行贴片程序编写的（20 分） | | | | |
| 3 | 炉温曲线设置 | 10 分 | 炉温曲线设置合理（10 分） | | | | |
| 4 | 生产步骤操作的设置 | 10 分 | 生产步骤操作参数设置正确（10 分） | | | | |

| 序　号 | 项　目 | 配　分 | 评价要点 | 自评 | 互　评 | 教　师评　价 | 平均分 |
|---|---|---|---|---|---|---|---|
| 5 | CCD 设置 | 10分 | CCD 设置正确（10分） | | | | |
| 6 | 生产调试 | 10分 | 生产调试设置正确（10分） | | | | |
| 7 | 自动试生产 | 30分 | 自动生产合格（30分） | | | | |
| | 材料、工具、仪表 | | 每损坏或者丢失一样扣10分 | | | | |
| | | | 材料、工具、仪表没有放整齐扣10分 | | | | |
| | 环保节能意识 | | 视情况扣10～20分 | | | | |
| | 安全文明操作 | | 违反安全文明操作（视其情况进行扣分） | | | | |
| | 额定时间 | | 每超过5分钟扣5分 | | | | |
| 开始时间 | | 结束时间 | | 实际时间 | | 综合成绩 | |
| 综合评议意见（教师） | | | | | | | |
| 评议教师 | | | | 日期 | | | |
| 自评学生 | | | | 互评学生 | | | |

## 四、相关知识扩展

### VCTA-A810 AOI 测试操作规程

#### 1．目的

规范作业流程、确保设备正常运行。

#### 2．适用范围

适用于本公司 AOI 制品的检查操作，适用设备：VCTA-A810。

#### 3．职责

（1）由专人实施操作。

（2）其他人未经许可不得对其进行任何操作。

#### 4．开机作业流程

（1）确认设备主机电源：AV220V，无问题后再按电源键。

（2）打开计算机主机电源开关键。

（3）等待计算机启动、显示屏自动进入正常画面。

（4）刷新桌面后，选择"软件"图标，用鼠标双击打开测试程序、程序启动并执行，复位中不得将手或其他物体放入操作平台内，以免发生意外。

（5）正常进入测试画面后按以下步骤顺序选择测试机种：文件菜单→打开 →本地磁盘 E→生产程序→客户代码（XRD***）→对应机种。

（6）调整轨道宽度、限位边夹适当位置，注意不可碰触到 PCB 表面元件以免碰伤元件，旋紧固定螺栓，如图 8-114 所示。

（7）以上步骤确认正确后进行测试操作，测试中不得将手或其他物体放入操作平台内，否则立即停止。

（8）测试完后对屏幕显示的不良点进行判定操作，若有不良对产品进行标识处理，处理好后按下 Enter 键即可。

图 8-114　AOI 开机

### 5．关机作业流程

（1）首先确认操作平台中无 PCB。

（2）正常关闭测试软件操作时，系统会弹出"是否保存当前测试数据"提示信息，此时需单击"否"按钮即可。

（3）正常关闭计算机操作。

（4）切断主机电源。

（5）5S 整理确认。

# 习　　题

1．简述 SMT 自动化生产组成。

2．全自动锡膏印刷机主要由哪几部分组成？

3．简述全自动锡膏印刷机的编程过程。

4．全自动贴片机主要由哪几部分组成？

5．简述全自动贴片机 SM882 的编程步骤。

6．回流焊接机的温度曲线由哪几部分组成，简述各部分的功能？

7．某公司最近准备引进一条 SMT 生产线，基本配置如下：

熊猫 EUNIL 上、下板机各 1 台、过桥 8 台，口立印刷机 NP08LP 一台，JUKL2060、2050 贴片机各一台，BTU 八温区再流焊炉一台。请你为公司设计：

（1）SMT 生产线设备置放方框图。

（2）生产线岗位人员需求方案。

8．方案编写：假如需要建设一条典型的中速贴片线，要求适合中小型企业规模化生产，整线理论速度 3 万点/h，预计整线投资在 250 万～300 万元人民币，请写出建议的方案？

# 参 考 文 献

[1] 顾霭云. 表面组装技术（SMT）基础与可制造性设计（DFM）[M]. 北京：电子工业出版社，2008.

[2] 王玉鹏. SMT 生产实训[M]. 北京：清华大学出版社，2012.

[3] 杜中一. SMT 表面组装技术（第 2 版）[M]. 北京：电子工业出版社，2012.

[4] 韩满林. 电子表面组装技术（SMT 工艺）[M]. 北京：人民邮电出版社，2010.

[5] 龙绪明. 电子表面组装技术—SMT[M]. 北京：电子工业出版社，2008.

[6] 祝瑞花. SMT 设备的运行与维护[M]. 天津：天津大学出版社，2009.

[7] 张文典. 实用表面装技术[M]. 北京：电子工业出版社，2006.

[8] 郎为民. 表面组装技术（SMT）及其应用[M]. 北京：机械工业出版社，2007.

注：本书在编写过程中还参考了一下公司产品的相关手册，在此表示感谢.

[1] 凯格印刷机 GKG-G5 操作说明书，凯格精密机械有限公司.

[2] 三星贴片机 482 操作说明书，韩国三星集团公司.

[3] Genesis6 系列说明书(中文)，深圳市日东电子科技有限公司.

[4] ALeader AOI Sp5 使用手册，东莞市神州视觉科技有限公司.